〔晋〕杜預 撰
〔清〕陳厚耀 撰
郜積意 點校

春秋長曆二種

中册

中華書局

春秋長曆

〔清〕陳厚耀　撰
郜積意　點校

春秋長曆一

曆證

漢書律曆志

春秋、殷曆皆以殷、魯自周昭王以下亡年數，故據周公、伯禽以下爲紀。魯公伯禽即位四十六年，至康王十六年而薨。子考公就立。考公即位四年，及煬公熙立。及者，兄弟相及，非子繼父也。下倣此。煬公二十四年正月丙申朔旦冬至，殷曆以爲丁酉，距微公七十六歲。

煬公即位六十年，元本十六年，誤。子幽公宰立。幽公即位十四年，及微公茀立。微公二十六年正月乙亥朔旦冬至，殷曆以爲丙子，距獻公七十六歲。

微公即位五十年，子厲公翟立。厲公即位三十七年，及獻公具立。獻公十五年正月甲寅朔旦冬至，殷曆以爲乙卯，距懿公七十六歲。

獻公即位五十年，子慎公執立。慎公即位三十年，及武公敖立。武公即位二年，子懿公被立。懿公九年正月癸巳朔旦冬至，殷曆以爲甲午，距惠公七十六歲。

懿公即位九年，兄子柏御立。柏御即位十一年，叔父孝公稱立。孝公即位二十七年，子惠公皇立。惠公三十八年正月壬申朔旦冬至，殷曆以爲癸酉，距僖公七十六歲。

惠公即位四十六年，子隱公息立。凡伯禽至春秋，三百八十六年。

春秋隱公即位十一年，及桓公軌立。桓公即位十八年，子莊公同立。莊公即位三十二年，子愍公啟方立。愍公即位二年，及僖公申立。僖公五年正月辛亥朔旦冬至，殷曆以爲壬子，距成公七十六歲。

僖公即位三十三年，子文公興立。文公元年距辛亥朔旦冬至二十九歲，是歲閏餘十三，正小雪，閏當在十一月後，而在三月，故傳曰「非禮也」。後五年，閏餘十，是歲亡閏而置閏，閏，所以正中朔也。亡閏而置閏，又不告朔，故經曰「閏月不告朔」，言亡此月也。傳曰：「不告朔，非禮也。」文公即位十八年，子宣公倭立。宣公即位十八年，子成公黑肱立。成公十二年正月庚寅朔旦冬至，殷曆以爲辛卯，距定公七年七十六歲。

成公即位十八年，子襄公午立。襄公二十七年九月乙亥朔，建申之月也。魯史書：「十二月乙亥朔，日有食之。」傳曰：「冬十一月乙亥朔，日有食之，於是辰在申，司曆過也，再失閏矣。」言時實行以爲十一月也，不察其建，不考之于天也。襄公即位三十一年，子昭公稠立。昭公二十年，春王正月，距辛亥百三十三歲，是辛亥後八章首也，正月己丑朔旦冬至，失閏。故傳曰：「二月己丑，日南至。」昭公即位三十二年，及定公宋立。定公七年正月己巳朔旦冬至，殷曆以爲庚午，距元公七十六歲。

定公即位十五年，子哀公蔣立。哀公十二年冬十二月流火，非建戌之月也，是月也螽，故傳曰：「火伏而後蟄者畢，今火猶西流，司曆過也。」哀公即位二十七年，遜于邾，子悼公曼立。悼公三十七年，子元公嘉立。元公四年正月戊申朔旦冬至，殷曆以爲己酉，距康公七十六歲。

元公即位二十一年，子穆公衍立。穆公即位三十三年，子恭公奮立。恭公即位二十二年，子康公毛立。康公四年正月丁亥朔旦冬至，殷曆以爲戊子，距緡公七十六歲。

康公即位九年，子景公偃立，景公即位二十九年，子平公旅立，平公即位二十年，子緡公賈立，緡公二十二年正月丙寅朔旦冬至，殷曆以爲丁卯，距楚元七十六歲。即漢高帝之八年。

緡公即位二十三年，子頃公讎立，頃公十八年，秦始滅周。周凡三十六王，八百六十七歲。周滅後六年，楚考烈王滅魯，頃公爲家人。秦伯五世，四十九歲。漢高祖皇帝代秦繼周，太歲在午，八年十一月乙巳朔旦冬至，楚元三年也。

續漢書律曆志

司馬彪曰：「黄帝造曆起辛卯，顓頊用乙卯，虞用戊午，夏用丙寅，殷用甲寅，周用丁巳，魯用庚子。漢承秦初，用乙卯。至武帝元封，不與天合，乃作太初曆，元以丁丑。」

晉書律曆志

姜岌云：「自皇羲以降，暨于漢魏，各自制曆，以求厥中。考其疎密，惟交會薄蝕可以驗之。書契所記，惟春秋著日蝕之變。自隱公訖于哀公，凡二百四十二年之間，日蝕三十有六，考其晦朔，不知用何曆也。班固以爲春秋因魯曆，魯曆不正，故置閏失其序。魯以閏餘一之歲爲蔀首。檢春秋置閏，不與此蔀相符也。命曆序曰：『孔子爲治春秋之故，退修殷之故曆，使其數可傳於後。』如是，春秋宜用殷曆正之。今考其交會，不與殷曆相應，以殷曆考春秋月朔，多不及其日，又以檢經，率多一日，檢傳，率少一日，但公羊經傳異朔，于理可從。而經有蝕朔之驗，傳爲失之也。服虔解傳用太極上元，太極上元乃三統曆劉歆所造元也，何緣施于春秋？于春秋而用漢曆，無乃遠乎？傳之違失多矣，不惟斯事而已。襄公二十七年冬十有一月乙亥朔，日有食之，傳曰：『辰在申，司曆過，再失閏也。』考其去交分，交會應在此月，而不爲再失閏也。案歆曆於春秋日蝕止一朔，其餘多在二日，因附五行傳，著朓與側匿之説云：春秋時諸侯多失其政，故月行恒遲。歆不以曆失天，而爲之差説。日之蝕朔，此乃天驗也，而歆反以己曆非之，此寃天而負時曆也。杜預又以周衰世亂，學者莫得其真，今之所傳七曆，皆未必是時王之術也。今誠以七家之曆考古今交會，信無其驗也，皆由斗分疏之所致也。殷曆以四分一爲斗分，三統以一千五百三十九分之三百八十五爲斗分，乾象以五百八十九分之一百四十五爲斗分。今景初以一千八百四十三分之四百五十五爲斗分。疏密不同，法數各異。殷曆斗分麤，故不施於今。乾象斗分細，故不得通於古。景初斗分雖在麤細之間，而日之所在，乃差四度，日月虧已，皆不及其次，假使日在東井而蝕，以月驗之，乃在參六度，差違乃爾，安可以考天時人事乎？今治新曆以二千四百五十一分之六百五爲斗分，日在斗十七度，天正之首，上可以考合於春秋，下可以取驗於今世。以之考春秋三十六蝕，正朔者二十有五，蝕二日者二，蝕晦者二，誤者五，凡三十三蝕，其餘蝕經無日諱之名，無以考其得失。圖緯皆云「三百歲斗曆改憲」，以今新曆施於春秋之世，日蝕多在朔。春秋之世下至於今，凡一千餘歲，交會弦望，故進退於三蝕之間，此法乃可永載用之，豈三百歲斗曆改憲者乎？」姜岌，後秦姚興時人，當晉孝武太元九年，歲在甲申。

春秋七百七十九日，經三百九十三，傳三百八十六。三十七日蝕。三無甲乙。

黃帝曆得四百六十六日，一蝕。

顓頊曆得五百九日，八蝕。

夏曆得五百三十六日，十四蝕。

真夏曆得四百六十六日，一蝕。

殷曆得五百三日，十三蝕。

周曆得五百六日，十三蝕。

真周曆得四百八十五日，一蝕。

魯曆得五百二十九日，十三蝕。

三統曆得四百八十四日，一蝕。

乾象曆得四百九十五日，七蝕。

泰始曆得五百一十日，十九蝕。

乾度曆得五百三十八日，十九蝕。

今長曆得七百四十六日，三十三蝕。

漢末宋仲子集七曆以考春秋，其夏、周二曆術數皆與藝文志所記不同，故更名爲真夏、真周曆也。

隋書律曆志

劉孝孫、劉焯甲子元曆：

孝孫曆法，並按明文，以月行遲疾定其合朔，欲令食必在朔，不在晦、二之日也。縱使頻月一小、三大，得天之統。大抵其法有三，今列之云。

第一，勘日食證恒在朔。

引詩云：「十月之交，朔日辛卯，日有食之。」今以甲子元曆術推算，符合不差。春秋經書日食三十五[一]，二十七日食，經書有朔，推與甲子元曆不差。八食，經書並無朔字，左氏傳云：「不書朔，官失之也。」公羊傳云：「不言朔者，食二日也。」穀梁傳云：「不言朔者，食晦也。」今以甲子元曆推算，俱是朔日。丘明受經於夫子，於理尤詳，公羊、穀梁皆臆説也。

隱公三年，二月己巳，日有食之。推合己巳朔。

莊公十八年，春三月，日有食之。推合壬子朔。

僖公十二年，三月庚午，日有食之。推合庚午朔。

僖公十五年，夏五月，日有食之。推合癸未朔。

襄公十五年，秋八月丁巳，日有食之。推合丁巳朔。

前、後漢及魏、晉四代所記日食，晦、朔及先晦，都合一百八十一。今以甲子元曆術推之，並合朔日而食。

前漢合有四十五食。三食並先晦一日，三十二食並皆晦日，十食並是朔日。

後漢合有七十四食。三十七食並皆晦日，三十七食並皆朔日。

[一]「食」，原作「合」，據中華書局點校本隋書改。

魏合有十四食。四食並皆晦日，十食並皆朔日。

晉合有四十八食。二十五食並皆晦日，二十三食並皆朔日。

第二，勘度差變驗。

尚書云：「日短星昴，以正仲冬。」即是唐堯時冬至之日，日在危宿，合昏之時，昴正午。案竹書紀年，堯元年丙子。今以甲子元曆術推算，得合堯時冬至日，昏中昴星正午。漢書武帝太初元年丁丑，落下閎等考定太初曆，冬至日在牽牛初。今以甲子元曆術算，即得斗末牛初矣。晉姜岌以月食驗日度，知冬至之日，日在斗十七度。宋文帝癸酉歲，何承天考驗乾度，亦知冬至之日日在斗十七度。至今隋開皇甲辰之歲，考定曆數象，以稽天道，知冬至之日日在斗十三度。

第三，勘氣影長驗。

春秋緯命曆序云：「魯僖公五年正月壬子朔旦冬至。」今以甲子元曆推算，得合不差。宋元嘉十年，何承天測景，知冬至已差三日。今曆推冬至之日，恒與影長之日符合不差。

十七年，張胄玄曆成，奏之。上付劉暉與國子助教王頍〔一〕、司曆劉宜援據古史影等，

〔一〕「頍」，原誤作「頗」，據隋書王頍傳改。

駁胄玄云：

命曆序僖公五年天正壬子朔旦日至〔一〕，傳僖公五年正月辛亥朔，日南至。張賓曆天正壬子朔冬至，合命曆序，差傳一日。張胄玄天正壬子朔，三日甲寅冬至，差命曆序二日，差傳三日。成公十二年，命曆序天正辛卯朔旦日至，張賓曆天正辛卯朔冬至，合命曆序。張胄玄亦天正辛卯朔，合命曆序〔二〕；二日壬辰冬至，差命曆序一日。昭公二十年，春秋左氏傳二月己丑朔日南至，準命曆序庚寅朔旦日至。張賓曆天正庚寅朔冬至，並合命曆序，差傳一日。張胄玄曆亦天正庚寅朔，差傳一日；二日辛卯冬至，差命曆序一日，差傳二日。宜案命曆序及春秋左氏傳，並閏餘盡之歲，皆須朔旦冬至。若依命曆序勘春秋三十七食，合處至多；若依左傳，合者至少，是以知傳爲錯。今張胄玄信情置閏，命曆序及傳氣朔並差。

又宋元嘉冬至影有七，張賓曆合者五，差者二，亦在前一日。張胄玄曆合者三，差者四，在後一日云云。

〔一〕「壬子」二字原脱，據文淵閣本、隋書律曆志補。
〔二〕「合命曆序」四字原脱，據隋書律曆志補。

高祖令羣臣博議，咸以胄玄爲密，遂貶劉暉等。胄玄所造曆法，付有司施行。

唐書曆志

大衍曆議曰：（大衍曆，僧一行所造。）「僖公五年正月辛亥朔，日南至。以周曆推之，入壬子蔀第四章，以辛亥一分合朔冬至。殷曆則壬子蔀首也。昭公二十年二月己丑朔，日南至。魯史失閏，至不在正。左氏記之，以懲司曆之罪。周曆得己丑二分，殷曆得庚寅一分。殷曆南至常在十月晦，則中氣後天也。周曆食朔差經或二日，則合朔先天也。傳所據者，周曆也；緯所據者，殷曆也。氣合于傳，朔合于緯，斯得之矣。又命曆序以爲孔子修春秋用殷曆，使其數可傳于後。考其食朔，不與殷曆合。及開元十二年，朔差五日矣，氣差八日矣。上不合于經，下不足以傳于後代，蓋哀、平間治甲寅元曆者託之，非古也。」

又曰：「魯曆南至，又先周曆四分日之三；而朔後九百四十分日之五十一。（朔後五十一分，入第三章第九年二月。）故僖公五年辛亥爲十二月晦，壬子爲正月朔。又推日食密于殷曆，其以閏餘一爲章首，亦取合于當時也。」

又曰：「日月合度謂之朔。無所取之，取之食也。春秋日食有甲乙者三十四，殷曆、魯曆先一日者十三，後一日者三。周曆先一日者二十二，先二日者九。其僞可知矣。莊公三十年九月庚午朔，襄公二十一年九月庚戌朔，定公五年三月辛亥朔，當以盈縮、遲速爲定朔。殷曆雖合，適然耳，非正也。僖公五年正月辛亥朔，十二月丙子朔，十四年三月己丑朔，文公元年五月辛酉朔，十一年三月甲申晦，襄公十九年五月壬辰晦，昭公元年十二月甲辰朔，二十年二月己丑朔，二十三年正月壬寅朔，七月戊辰晦，皆與周曆合。其所記多周、齊、晉事，蓋時王所頒，齊、晉用之。僖公十五年九月己卯晦，十六年正月戊申朔，成公十六年六月甲午晦，襄公十八年十月丙寅晦，十一月丁卯朔，二十六年三月甲寅朔〔一〕，二十七年六月丁未朔，與殷曆、魯曆合。此非合食，故仲尼因循時史，而所記多宋、魯事，與齊、晉不同，可知矣。昭公十二年十月壬申朔，原輿人逐原伯絞，與魯曆、周曆皆差一日，此丘明即其所聞書之也。僖公二十二年十一月己巳朔，宋、楚戰於泓，周、殷、魯曆皆先一日，楚人所赴也。昭公二十年六月丁巳晦，衛侯與北宫喜盟。七月戊午朔，遂盟國人。三曆皆先二日，衛人所赴也。此則列國之曆不可以一術齊矣。而長曆日子不在其月，則改易閏餘，欲以求合。故閏月相距，近則十餘月，遠或七十餘月，此杜預所甚謬也。

〔一〕「二」，原訛作「三」，據文淵閣本改。

夫合朔先天，則經書日食以糾之；中氣後天，則傳書南至以明之；其在晦、二日，則原乎定朔以得之；列國之曆或殊，則稽于六家之術以知之。此四者，皆治曆之大端，而預所未曉故也。」

又曰：「春秋日食不書朔者八，公羊曰『二日也』，穀梁曰『晦也』，左氏曰『官失之也』。劉孝孫推俱得朔日，以丘明爲是。」

又曰：「哀十二年冬十有二月，螽，開元曆推置閏當在十一年春，至十二年冬，失閏已久。是歲九月己亥朔，先寒露三日，於定氣，日在亢五度，去心近一次，火星明大，尚未當伏。至霜降五日，始潛于日下。乃月令『蟄蟲咸俯』，則火辰未伏，當在霜降前。雖節氣極晚，不得十月昏見。故仲尼曰：『丘聞之，火伏而後蟄者畢，今火猶西流，司曆過也。』方夏后氏之初，八月辰伏，九月內火，及霜降之後，火已朝覿東方，距春秋之季千五百餘年，乃云『火伏而後蟄者畢』。向使冬至常居其所，則仲尼不得以西流未伏，明是九月之初也。自春秋至今又千五百歲，麟德曆以霜降後五日，日在氐八度，房心初伏，定增二日，以月食衝校之，猶差三度。閏餘稍多，則建亥之始，火猶見西方。向使宿度不移，則仲尼不得以西流未伏，明非十月之候也。自羲、和以來，火辰見伏，三覿厥變。然則丘明之記，欲令後之作者參求微象，以探仲尼之旨。是歲失閏寖久，季秋中氣後天三日，比及明年仲冬，又得一閏。竊仲尼之言，補正時曆，而十二月猶可以蝨。至哀公十四年五月庚申朔，日食。以開元曆考之，則日食前又增一閏，魯曆正矣。長曆自哀公十年六月迄十四年二月，纔置一閏，非是。」

又曰：「古曆與近代密率相較，二百年氣差一日，三百年朔差一日。推而上之，久益先天；引而下之，久益後天。僖公五年，周曆正月辛亥朔，餘四分之一，南至。以歲差推之，日在牽牛初。至宣公十一年癸亥，周曆與麟德曆俱以庚戌日中冬至，而月朔尚先麟德曆十五辰。至昭公二十年己卯，周曆以正月己丑朔日中南至，麟德曆以己丑平旦冬至。哀公十一年丁巳，周曆入己酉蔀首，麟德曆以戊申禺中冬至。惠王四十三年己丑，周曆入丁卯蔀首，麟德曆以乙丑日昳冬至。呂后八年辛酉，周曆入乙酉蔀首，麟德曆以壬午黄昏冬至；其十二月甲申，人定合朔。太初元年，周曆以甲子夜半合朔冬至，麟德曆以辛酉禺中冬至，十二月癸亥晡時合朔。氣差三十二辰，朔差四辰，此疏密之大較也。

僖公五年，周曆、漢曆、唐曆皆以辛亥南至。後五百五十餘歲，至太初元年，周曆、漢曆皆得甲子夜半冬至，唐曆皆以辛酉，則漢曆後天三日矣。祖沖之、張胄玄促上章歲至太初元年，沖之以癸亥雞鳴冬至，而胄玄以癸亥日出。欲令合於甲子，而適與魯曆相會。自此推僖公五年，魯曆以庚戌冬至，而二家皆以甲寅，乖丘明正時之意，以就劉歆之失。今考麟德元年甲子，唐曆皆以甲子冬至，而周曆、漢曆皆以庚午。然則，自太初下至麟德，差四日；自太初上及僖公，差三日；共差七日矣。不足疑也。」

宋史曆志

宋行古崇天曆云：「自四分曆以上，古有六曆，皆以九百四十分爲日法。」又云：「自漢太初至于宋英宗時，冬至差十日。」

元史曆志

授時曆議云：「自春秋獻公以來，凡二千一百六十餘年，用大衍、宣明、紀元、統天、大明、授時六曆推算冬至，凡四十九事。今按獻公十五年戊寅歲正月甲寅朔旦冬至，授時得甲寅，統天得乙卯，後天一日。至僖公五年正月辛亥朔旦冬至，授時、統天皆得辛亥，與天合。下至昭公二十年己卯歲正月己丑朔旦冬至〔一〕，授時、統天皆得戊子，並先一日，若曲變其法以從之，則獻、僖皆不合矣。以知春秋所書昭公冬至，乃日度失行之驗也。」

明鄭世子朱載堉曰〔二〕：「授時曆議據前漢志魯獻公十五年戊寅歲正月甲寅朔旦冬至，引此爲首〔三〕。葢獻公乃隱公五世祖，下距隱公元年己未歲百六十一年，許、郭諸儒豈不知獻公在春秋前甚遠哉？第以所推昭公二十年冬至而得戊子，既不能合，偶與獻公合，故援此而爲之説。云『曲變其法以從昭公，則與獻公不合』，遂謂『春秋所書昭公冬至，乃日度失行之驗』。然則，大衍、宣明諸曆推之，皆得己丑，豈皆誤耶？夫獻公甲寅冬至，别無所據，惟劉歆三統曆是據耳。左傳不足信，而歆獨可信乎？太初元年冬至在辛酉，歆乃以爲甲子，差天三日尚不能知，而能逆知上下數百年乎？然則，獻公十五年冬至當在何日？曰：三統、授時之甲寅，失之先；紀元、大明之丁巳，失之後。大衍所推丙辰，宣明所推乙卯，庶或近之。然則無所考，闕疑可也。

〔一〕「己卯」，原誤作「己亥」，據文淵閣本改。
〔二〕「明鄭世子」，原作「明史鄭」，此據文淵閣本改。
〔三〕「此」，原作「用」，據文淵閣本改。

大凡春秋前後千載之間，氣朔交食，長曆、大衍所推近是，劉歆、班固所說全非。杜預、一行已有定論矣。」

又曰：「春秋二百四十二年間，所載日食凡三十有六事。以授時曆推之，惟襄公二十一年十月庚辰朔，及二十四年八月癸巳朔，不入食限。蓋自有曆以來，無比月而食之理，其三十四食，食皆在朔，經或不書日、不書朔，公、穀以爲食晦、二者，非。左氏以爲史官失之者，得之。其間或差一日、二日者，蓋由古曆疏闊，置閏失當之弊。姜岌、一行已有定說。孔子作春秋，但因時曆以書，非大義所關，故不必致詳也。」

春秋左傳注疏

孔氏穎達曰：「古今曆法推閏月之術，皆以閏餘減章歲，餘以歲中乘之，章閏而一，所得爲積月，命起天正，算外，即閏所在也。古曆十九年爲一章，章有七閏。入章三年，閏九月；六年，閏六月；九年，閏三月；十一年，閏十一月；十四年，閏八月；十七年，閏四月；十九年，閏十二月。此據元首初章。若于後漸積餘分，大率三十二月則置閏，不必恒同初章閏月也。」見文元年孔疏。

又曰：「日月動物，雖行度有大量，不能不小有盈縮。故有雖交會而不食者，或有頻交而食者。自隱元年盡哀二十七年，積二百五十五年，凡三千一百五十四月，惟三十七食，是雖交而不食也。襄二十一年九月、十月頻食，二十四年七月、八月頻食，是頻交而食也。戰國及秦曆紀全差，漢來漸候天時，始造其術。劉歆三統以爲五月二十三分月之二十，而日一食，空得食日而不得加時。漢末會稽都尉劉洪作乾象曆，始推月行遲疾求日食加時，後代修之，漸益詳密。今爲曆者推步日食，莫不符合，但無頻月食法。皆一百七十三日有餘而始一交會，未有頻月食者。其解在襄二十四年。」見隱三年孔疏。

桓三年春正月，不書王。惟元年、二年、十年、十八年，凡四年書王，其餘十三年俱不書王。

杜氏曰：「經之首時必書王，明此曆天王之所班也。其或廢法違常，失不班曆，則不書王。」

劉氏炫曰：「天王失不班曆，乃國之大事，何得傳無異文？又昭二十三年以後，王室有子朝之亂，經皆書王，豈是王室猶能頒曆？又襄二十七年再失閏，杜云：『魯之司曆，頓置兩閏。』又哀十三年十二月，螽，仲尼曰：『火猶西流，司曆過。』杜云：『季孫雖聞仲尼之言，而不正曆。』如杜所注，曆既天王所班，魯人何得擅改？又子朝奔楚，其年王室方亂。

王位猶且未定，諸侯不知所奉，復有何人尚能班曆？昭二十三年秋，乃書『天王居于狄泉』，則其春未有王矣。時未有王，曆無所出，何故其年亦書王也？若使春秋之曆必是天王所班，則周之錯失，不關于魯，魯人雖或知之，無由輒得改正。襄二十七年傳稱『司曆過，再失閏』，而杜釋例云：『魯之司曆始覺其謬，頓置兩閏，以應天正。』若使曆爲王班，當一遵王命，寧敢專置閏月，改易歲年？哀十三年十二月，螽，釋例又云：『季孫雖聞仲尼之言，猶不即改，明年復螽，始悟，十四年春乃置閏。』既言曆爲王班，又稱魯人改之，亦復何須王曆？杜之此言，自相矛盾。此不書王者，正是闕文耳。」見桓三年注疏。

春秋屬詞〔一〕

趙子常汸曰：「春秋雖修史爲經，猶存其大體，謂始年爲元年，歲首爲春，一月爲正月，加王于正，皆從史文〔二〕。傳獨釋『王周正月』者，見國史所書乃時王正朔〔三〕，月爲周

〔一〕此下録趙汸二段文字。前半段爲周正考之文，後半段爲春秋屬詞之文。
〔二〕「史」，原作「古」，據文淵閣本改。
〔三〕「朔」，原作「月」，據東山存稿改。

月，則時亦周時。孔氏謂月改則春移〔一〕，是也。後于僖公五年春記『正月辛亥朔，日南至』，昭十七年夏六月，記太史曰「在此月也，日過分而未至，當夏四月，是謂孟夏」。又記梓慎曰：「火出于夏爲三月，于商爲四月，于周爲五月。」皆以周人改時改月。春夏秋冬之序，則循周正；分至啟閉之候，則仍夏時。其經書「冬十月，雨雪」「春正月，無冰」「二月，無冰」及「冬十月，隕霜殺菽」之類，皆爲記災可知矣。汲冢竹書有周月解，亦曰：「夏數得天，百王所同，商以建丑爲正，亦越我周作正，以垂三統。至于敬授民時〔二〕，巡狩烝享，猶自夏焉。」其言損益之意甚明。經書冬烝、春狩、夏蒐以此，蓋三正之義備矣。而近代説者往往不然。夫以左氏去聖人未遠，終春秋二百四十二年，以及戰國之際，中國無改物之變，魯未滅亡，傳于當時正朔，豈容有差？而猶或有爲異論者，何也？蓋嘗考之，曰殷、周不改月者，據商書言『元祀十有二月』，而秦人以十月爲歲首也。曰夏時冠周月者，則疑建子非春，而孔子嘗欲行夏之時也。按太史公記三代革命，于殷曰『改正朔』，于周曰『制正朔』，于秦曰『改年始』，蓋正謂正月，朔謂月朔。何氏公羊注曰：『夏以斗建寅之月爲正，

〔一〕「孔氏」，原作「孔子」，據文淵閣本改。
〔二〕「敬」，原作「教」，據文淵閣本改。

平旦爲朔；殷以斗建丑之月爲正，雞鳴爲朔；周以斗建子之月爲正，夜半爲朔。』是也。殷、周即所改之月爲歲首，故曰『改正朔』，曰『制正朔』。秦即十月爲歲首，而別用夏時數月，故曰『改年始』。其言之也詳。漢書律曆志據三統曆，商十二月乙丑朔旦冬至，即書伊訓篇『太甲元年十有二月乙丑，伊尹祀于先王，以冬至越茀行事。』其所引書辭並序，皆與僞孔氏書伊訓篇語意不合。且言日不言朔，又不言即位，則事在即位後矣。凡新君即位，必先朝廟見祖，而後正君臣之禮。今即位後未踰月，復祠于先王，以嗣王見祖〔一〕，此何禮也？暨三祀，十有二月朔，奉嗣王歸于亳，是日宜見祖而不見，又何也？所謂古文尚書者，掇拾傅會，不合不經，蓋如此。説者乃欲按之以證殷周不改月，可乎？禮記孟獻子亦曰正月日至、七月日至，其説皆與傳合。夫冬至在商之十二月，在周之正月。大寒在周之二月，驚蟄在三月，夏至在七月；而太初曆立冬、小雪于夏爲十月，商爲十一月，周爲十二月。唐人大衍曆追算春秋，冬至亦皆在正月。孰謂春秋不改月乎？陳寵云：『陽氣始萌，有蘭、射干〔二〕、芸、荔之應，天以爲正，周以爲春。陽氣上通，雉雊雞乳，地以爲正，殷以爲

〔一〕「嗣」，原作「祠」，據文淵閣本改。

〔二〕「干」，原誤作「于」，據文淵閣本改。

春。陽氣已至，天地已交，萬物皆正，蟄蟲始振，人以爲正，夏以爲春。』蓋天施于子，地化于丑，人生于寅。三陽雖有微著，三正皆可言春，此亦曆家相承之説，所謂夏數得天，以其最適四時之中爾。孰謂建子非春乎？乃若夫子答顔子爲邦之問，則與作春秋事異。蓋春秋即當代之書，以治當代之臣子，不當易周時以惑民聽；爲邦，爲後王立法，故舉四代禮樂而酌其中；夫固各有攸當也。如使周不改時，則何必曰『行夏之時』？使夫子果欲用夏變周，則亦何以責諸侯之無王，議桓、文而斥吴、楚哉？何休哀十四年傳注曰：「河陽冬言狩，獲麟春言狩者，蓋據魯變周之春以爲冬，去周之正而行夏之時。」以行夏之時説春秋，蓋昉於此。然何氏固以建子爲周之春，但疑春不當言狩而妄爲之辭。至程子門人劉質夫曰：「周正月，非春也，假天時以立義爾。」則遂疑建子不當言春，此胡氏「夏時冠周月」之説所由出也。先儒見孟子謂春秋天子之事，而述作之旨無傳[一]，惟斟酌四代禮樂爲百王大法，遂以爲作春秋本意在此。故番陽吴仲迂曰：『若從胡傳，則是周本行夏時，而以子月爲冬，孔子反不行夏時，而以子月爲春矣。』何氏之失，又異于此。故朱子以爲，恐聖人

〔一〕「述」，原作「術」，據文淵閣本改。

制作不如是之紛更煩擾、錯亂無章也。薛氏又謂魯曆改冬爲春，而陳氏用其説于後傳，曰：『以夏時冠周月〔一〕，魯史也。』是葢知春秋改周時爲不順，而又移其過于魯爾。然謂魯自有曆，實劉歆之誤。按律曆志言劉向所總，有黄帝、顓頊、夏、殷、周曆及魯曆，爲六曆。自周昭王以下，無世次，故據周公、伯禽以下爲紀。自煬公至緡公，冬至殷曆每後一日，則由曆家假魯君世次逆推周正交朔之合否，因號魯曆，非魯人所自爲，明矣。宋書禮志又言：『六曆皆無推日食法，但有考課疏密而已。』是豈當代所嘗用者哉？劉歆惑于襄哀傳文，遂謂魯有司曆，而杜氏因之，謬矣。然説者亦自病夏時、周月不當並存，故直謂春秋以夏正數月。又疑若是，則古者大事必在歲首，隱公不當以寅月即位。其進退無據如此，固不足深辯。而或者猶以爲千古不決之疑，則以詩、書、周禮、論語、孟子所言時月不能皆合故也。夫三正通于民俗久矣〔二〕。春秋本侯國史記，書王正以表大順，與頒朔、告朔爲一體。其所書事，有當繫月者，有當繫時者，與他經不同。詩本歌謠，又多言民事，故

〔一〕「夏」，原誤作「是」，據文淵閣本改。

〔二〕「正」，原作「王」，據文淵閣本改。

或用夏正，以便文通俗。書乃王朝史官記言之體，或書月則不書時，或書時則不書月，況僞孔注二十五篇，決非真古書，其有合有否，皆不可論于春秋。周禮所書正月正歲，皆夏正也。諸官制職掌，實循二代而損益之。其著時月者，又多民事，與巡狩烝享自夏者同，故仍夏時以存故典，見因革。蓋非赴告策書，定爲一代之制者，皆得通言之，則又不可論于春秋矣。若論語言暮春，亦如詩、書言春夏，皆通民俗之恒辭也，不可據以爲周不改時。孟子言『七八月之間旱』『十一月徒杠成，十二月輿梁成』，在左傳後。則周改月，猶自若竹書又記曲沃莊伯之十一年十一月，魯隱公之元年正月也。竹書乃後人用夏正追録舊文，故與春秋不同，然亦未嘗輒以夏正亂春秋之時月也。自啖、趙而後，學者往往習攻左氏，而『王周正月』爲甚，以其尤害于經，故特詳著焉。」

又曰：「長曆考春秋日月，失三十六日，朔三晦二。其經傳上下所書日月有可證據者，明是史文差繆。日食不入限者四，頻月食者二。大衍曆失一百二十六日，朔三，日食不入限十七，先一月者六，先二月者二，先三月者一，先五月者一，後一月者六，閏月一，頻月食者二。杜氏據左氏傳，屢譏周曆失閏，是以長曆第前卻閏月，求與春秋日月相符，故所失少。大衍曆自以三十二月閏率追算，不計與經合否，故所失多。東周曆法無傳矣，劉歆所總六曆，俱非古曆也。杜氏謂或用黃帝以來諸曆推經傳朔日，皆不合，所謂魯曆，亦不與春秋相符，疑來世好事者爲之。凡經傳有七百七十九日，漢末宋仲子集七曆以考春秋，魯曆得五百二十九，失二百五十，是不與春秋相符也。大衍曆合朔議曰：『春秋日食有甲乙者三十四，殷曆、魯曆先一日者十三，後一日者三；周曆先一日者二十二，先二日者九；其僞可知矣。』然大衍曆視長曆每差一月，亦有差二月者，其日月得失，本非所以釋經也。傳除釋經日外，別記三百一十六日，長曆推無月者二，其不合者六日而已，是固不容以閏率議之。但長曆視大衍曆少六閏，自隱二年至宣十年三失閏，自成末年至春秋之終，復三失閏。果若是，四時寒暑皆當反易，不但以申爲戌而已，恐周曆雖差，未必如是之繆。按經傳有曠數年不書日者，前後屢見之，長曆于此既無所據，豈能無失？至言「頓置兩閏，以應天正」，則臆決尤甚，故說者疑焉。今姑取其所考日月以證史文之誤，附闕文後。蓋三傳異師，而日月之誤不殊，有非筆削後傳寫失真者矣。併及大衍曆者，所以見周曆置閏無準，致日月不與天合。如傳所記日南至在二月，則雖曰建子而實亥。十一月火猶西流，則雖曰建戌而實申也。然孔子于十二月螽，常譏司曆之過，而春秋日食不書朔日，乃獨致辨于交朔之不合者：閏餘之失易見，而交朔之繆難知。易見者有不勝譏，而難知者非驗諸日食，則莫能得其正也。」

天元曆理

徐圃臣曰：「今按春秋，諸朔或在其月，或不在其月，朔或先一日；閏或在前，或在後。殆失閏實始幽、厲之世，因循不改，遂爲成法耳。唐一行謂經從魯曆，傳或從各國所記之日，故不同，因以知列國各自有曆，亦是。今考之周、魯曆，朔率先一日，晉、鄭、齊、楚之傳所述多夏正。以此知建子爲正，乃東周變法，實非周公本制，故列國守先王之舊而不爲，非也。」

春秋長曆二

古曆

古曆法

古法十九年爲一章，至、朔分齊。四章爲一蔀，復得朔旦冬至。二十蔀爲一紀，則日之干支復其初。三紀爲一元，則年月日之干支皆復其初，是爲曆元。

章法：十九年，二百三十五月。

蔀法：七十六年，九百四十月。

紀法：一千五百二十年，一萬八千八百月。

元法：四千五百六十年，五萬六千四百月。

日法：九百四十分。

歲三百六十五日四分日之一。即九百四十分日之二百三十五。

歲法：三十四萬三千三百三十五分。

月二十九日九百四十分日之四百九十九。

月法：二萬七千七百五十九分。

歲餘：一萬零二百二十七。每歲朔虚五千二百九十二分，氣盈四千九百三十五分，併之爲歲餘。

月餘：八百五十二分二秒五忽。每月朔虚四百四十一分，氣盈四百一十一分二秒五忽，併之爲月餘。

推天正入朔分

置所求年，從曆元數至此年，爲所求幾何年。減一，以歲法乘之，乃以月法收之，爲月。餘不滿一月法者，去之。所得月，復以月法乘之，得數，滿日法去之，餘即天正入朔分。以次遞加四百九十九，滿日法，去之，即次月入朔分。

推冬至日及分

置所求年減一，以歲法乘之，加天正入朔分〔一〕，得數，滿月法去之，餘以日法收之，爲日，加一日命之，即所求冬至日及分。

推月大小

視入朔分在四百四十一分以下爲月大，以上爲月小。

推閏年閏月

置所求年不減一，以歲餘乘之，得數，滿月法去之，餘視不滿歲餘者，則置閏之年；乃

〔一〕「加」，原譌作「如」，據文淵閣本改。

以月餘收之，爲月，所得月以反減十二〔一〕，餘爲所閏之月。如滿歲餘以外者，此年不置閏。其月法去之，適盡者，爲蔀之末年，閏十二月。

推至朔分齊之年

以月法二萬七千七百五十九與歲餘一萬二百二十七，用約分法對減之，各餘一千四百六十一，以除月法，得十九年，爲至朔分齊，是爲一章。四倍之，得七十六年，爲一蔀，而得朔旦至朔分齊之日。又以一千四百六十一除歲餘得七，爲一章之閏。

推甲子年甲子月甲子日至朔分齊

以蔀法七十六年，乘歲三百六十五日四分日之一，得日二萬七千七百五十九，以六十

〔一〕「反」，原訛作「及」，據文淵閣本改。

全甲之數去之，餘日三十九。卻以全甲六十，用約分法對減之，各餘三，以除全甲六十，得二十，再以二十乘七十六年，得一千五百二十年，而爲甲子日至朔分齊，是爲一紀。

又以紀法一千五百二十，用六十去之，餘二十，是全甲三之一也。以三週一千五百二十年，得四千五百六十年，而爲甲子年甲子日至朔分齊之年。不言甲子月、甲子時者，冬至即子月，合朔即子時也，是爲一元。

推每蔀月朔相承捷法

天干挨次逆推，如甲至癸、癸至壬是也。地支隔三順推，如子至卯、卯至午是也。皆週而復始。

按春秋曆，蔀首月朔惟得申、亥、寅、巳，其子、丑、卯、辰、午、未、酉、戌皆不值，所謂甲子朔旦冬至，竟爲數之所無。漢書殷曆、周曆朔旦不同，則三代所用之曆亦各有增減，而朔旦四甲子必古有之，而周曆不合耳。

又按三代改曆，非重修曆法也。其日法九百四十分及章、蔀、紀、元之法，初未嘗易。漢太初曆猶仍其舊。不過因測景冬至後天，則移冬至朔旦于前一日，以示改易之意，如顓頊用甲寅，殷用壬子，周用辛亥之類。蓋古人未知有歲差，惟于數百年中減去一二日〔一〕，以求合天，而曆法初不之改也。改曆自後漢始。

推入朔分入何年何月附

置入朔分，以八百五十九乘之，用八百五十九者，推得八百五十九月，則入朔餘一分，遞乘之，則遞增一分。得數，以蔀月九百四十去之，餘月又以章月二百三十五收之，餘月以章首年月數之，即知入何章何年何月。

〔一〕「二」，原作「正」，據文淵閣本改。

古曆

第一章首（正月朔旦冬至）	惠公三十八年[一]（庚戌）	僖公五年（丙寅）	成公十二年（壬午）	定公七年（戊戌）
正大　九百四十分入朔	壬申	辛亥	庚寅	己巳
二大　四百四十九分入朔	壬寅	辛巳	庚申	己亥
三小　五十八分入朔	壬申	辛亥	庚寅	己巳
四大　五百五十七分入朔	辛丑	庚辰	己未	戊戌
五小　一百一十六分入朔	辛未	庚戌	己丑	戊辰
六大　六百一十五分入朔	庚子	己卯	戊午	丁酉
七小　一百七十四分入朔	庚午	己酉	戊子	丁卯
八大　六百七十三分入朔	己亥	戊寅	丁巳	丙申
九小　二百三十二分入朔	己巳	戊申	丁亥	丙寅
十大　七百三十一分入朔	戊戌	丁丑	丙辰	乙未

〔一〕「惠公三十八年」，原作「惠三十八」，爲便省讀，補「公」「年」二字，下同。

續表

十一小　二百九十分入朔	戊辰	丁未	丙戌	乙丑
十二大　七百八十九分入朔	丁酉	丙子	乙卯	甲午
一章二一年（正月十二日冬至）	**惠公三十九年**（辛亥）	**僖公六年**（丁卯）	**成公十三年**（癸未）	**定公八年**（己亥）
正小　三百四十八分入朔	丁卯	丙午	乙酉	甲子
二大　八百四十七分入朔	丙申	乙亥	甲寅	癸巳
三小　四百六分入朔	丙寅	乙巳	甲申	癸亥
四大　九百五分入朔	乙未	甲戌	癸丑	壬辰
五大　四百六十四分入朔	乙丑	甲辰	癸未	壬戌
六小　二十三分入朔	乙未	甲戌	癸丑	壬辰
七大　五百二十二分入朔	甲子	癸卯	壬午	辛酉
八小　八十一分入朔	甲午	癸酉	壬子	辛卯
九大　五百八十分入朔	癸亥	壬寅	辛巳	庚申
十小　一百三十九分入朔	癸巳	壬申	辛亥	庚寅
十一大　六百三十八分入朔	壬戌	辛丑	庚辰	己未
十二小　一百九十七分入朔	壬辰	辛未	庚戌	己丑

續表

一章三年（正月二十三日冬至）	惠公四十年（壬子）	僖公七年（戊辰）	成公十四年（甲申）	定公九年（庚子）
正大　六百九十六分入朔	辛酉	庚子	己卯	戊午
二小　二百五十五分入朔	辛卯	庚午	己酉	戊子
三大　七百五十四分入朔	庚申	己亥	戊寅	丁巳
四小　三百一十三分入朔	庚寅	己巳	戊申	丁亥
五大　八百一十二分入朔	己未	戊戌	丁丑	丙辰
六小　三百七十一分入朔	己丑	戊辰	丁未	丙戌
七大　八百七十分入朔	戊午	丁酉	丙子	乙卯
八小　四百二十九分入朔	戊子	丁卯	丙午	乙酉
九大　九百二十八分入朔	丁巳	丙申	乙亥	甲寅
閏大　四百八十七分入朔	丁亥	丙寅	乙巳	甲申
十小　四十六分入朔	丁巳	丙申	乙亥	甲寅
十一大　五百四十五分入朔	丙戌	乙丑	甲辰	癸未
十二小　一百四分入朔	丙辰	乙未	甲戌	癸丑

續表

一章四年（正月初四日冬至）〔一〕	惠公四十一年（癸丑）	僖公八年（己巳）	成公十五年（乙酉）	定公十年（辛丑）
正大　六百三分入朔	乙酉	甲子	癸卯	壬午
二小　一百六十二分入朔	乙卯	甲午	癸酉	壬子
三大　六百六十一分入朔	甲申	癸亥	壬寅	辛巳
四小　二百二十分入朔	甲寅	癸巳	壬申	辛亥
五大　七百一十九分入朔	癸未	壬戌	辛丑	庚辰
六小　二百七十八分入朔	癸丑	壬辰	辛未	庚戌
七大　七百七十七分入朔	壬午	辛酉	庚子	己卯
八小　三百三十六分入朔	壬子	辛卯	庚午	己酉
九大　八百三十五分入朔	辛巳	庚申	己亥	戊寅
十小　三百九十四分入朔	辛亥	庚寅	己巳	戊申
十一大　八百九十三分入朔	庚辰	己未	戊戌	丁丑
十二大　四百五十二分入朔	庚戌	己丑	戊辰	丁未

〔一〕「正月」，原誤作「十月」，據文淵閣本改。

續表

一章五年（正月十五日冬至）	惠公四十二年（甲寅）	僖公九年（庚午）	成公十六年（丙戌）	定公十一年（壬寅）
正小　一十一分入朔	庚辰	己未	戊戌	丁丑
二大　五百一十分入朔	己酉	戊子	丁卯	丙午
三小　六十九分入朔	己卯	戊午	丁酉	丙子
四大　五百六十八分入朔	戊申	丁亥	丙寅	乙巳
五小　一百二十七分入朔	戊寅	丁巳	丙申	乙亥
六大　六百二十六分入朔	丁未	丙戌	乙丑	甲辰
七小　一百八十五分入朔	丁丑	丙辰	乙未	甲戌
八大　六百八十四分入朔	丙午	乙酉	甲子	癸卯
九小　二百四十三分入朔	丙子	乙卯	甲午	癸酉
十大　七百四十二分入朔	乙巳	甲申	癸亥	壬寅
十一小　三百一分入朔	乙亥	甲寅	癸巳	壬申
十二大　八百分入朔	甲辰	癸未	壬戌	辛丑

續表

一章六年（正月二十六日冬至）	惠公四十三年[一]（乙卯）	僖公十年（辛未）	成公十七年（丁亥）	定公十二年（癸卯）
正小　三百五十九分入朔	甲戌	癸丑	壬辰	辛未
二大　八百五十八分入朔	癸卯	壬午	辛酉	庚子
三小　四百一十七分入朔	癸酉	壬子	辛卯	庚午
四大　九百一十六分入朔	壬寅	辛巳	庚申	己亥
五大　四百七十五分入朔	壬申	辛亥	庚寅	己巳
六小　三十四分入朔	壬寅	辛巳	庚申	己亥
閏大　五百三十三分入朔	辛未	庚戌	己丑	戊辰
七小　九十二分入朔	辛丑	庚辰	己未	戊戌
八大　五百九十一分入朔	庚午	己酉	戊子	丁卯
九小　一百五十分入朔	庚子	己卯	戊午	丁酉
十大　六百四十九分入朔	己巳	戊申	丁亥	丙寅

〔一〕「三」，原誤作「五」，據文淵閣本改。

續表

十一小　二百八分入朔	己亥	戊寅	丁巳	丙申
十二大　七百七分入朔	戊辰	丁未	丙戌	乙丑
一章七年（正月初七日冬至）	**惠公四十四年**（丙辰）	**僖公十一年**（壬申）	**成公十八年**（戊子）	**定公十三年**（甲辰）
正小　二百六十六分入朔	戊戌	丁丑	丙辰	乙未
二大　七百六十五分入朔	丁卯	丙午	乙酉	甲子
三小　三百二十四分入朔	丁酉	丙子	乙卯	甲午
四大　八百二十三分入朔	丙寅	乙巳	甲申	癸亥
五小　三百八十二分入朔	丙申	乙亥	甲寅	癸巳
六大　八百八十一分入朔	乙丑	甲辰	癸未	壬戌
七小　四百四十分入朔	乙未	甲戌	癸丑	壬辰
八大　九百三十九分入朔	甲子	癸卯	壬午	辛酉
九大　四百九十八分入朔	甲午	癸酉	壬子	辛卯
十小　五十七分入朔	甲子	癸卯	壬午	辛酉
十一大　五百五十六分入朔	癸巳	壬申	辛亥	庚寅

續表

十二小　一百一十五分入朔	癸亥	壬寅	辛巳	庚申
一章八年（正月十八日冬至）	**惠公四十五年**（丁巳）	**僖公十二年**（癸酉）	**襄公元年**（己丑）	**定公十四年**（乙巳）
正大　六百十四分入朔	壬辰	辛未	庚戌	己丑
二小　一百七十三分入朔	壬戌	辛丑	庚辰	己未
三大　六百七十二分入朔	辛卯	庚午	己酉	戊子
四小　二百三十一分入朔	辛酉	庚子	己卯	戊午
五大　七百三十分入朔	庚寅	己巳	戊申	丁亥
六小　二百八十九分入朔	庚申	己亥	戊寅	丁巳
七大　七百八十八分入朔	己丑	戊辰	丁未	丙戌
八小　三百四十七分入朔	己未	戊戌	丁丑	丙辰
九大　八百四十六分入朔	戊子	丁卯	丙午	乙酉
十小　四百五分入朔	戊午	丁酉	丙子	乙卯
十一大　九百四分入朔	丁亥	丙寅	乙巳	甲申
十二大　四百六十三分入朔	丁巳	丙申	乙亥	甲寅

一章九年（正月二十九日冬至）	惠公四十六年（戊午）	僖公十三年（甲戌）	襄公二年（庚寅）	定公十五年（丙午）
正小　二十二分入朔	丁亥	丙寅	乙巳	甲申
二大　五百二十一分入朔	丙辰	乙未	甲戌	癸丑
閏小　八十分入朔	丙戌	乙丑	甲辰	癸未
三大　五百七十九分入朔	乙卯	甲午	癸酉	壬子
四小　一百三十八分入朔	乙酉	甲子	癸卯	壬午
五大　六百三十七分入朔	甲寅	癸巳	壬申	辛亥
六小　一百九十六分入朔	甲申	癸亥	壬寅	辛巳
七大　六百九十五分入朔	癸丑	壬辰	辛未	庚戌
八小　二百五十四分入朔	癸未	壬戌	辛丑	庚辰
九大　七百五十三分入朔	壬子	辛卯	庚午	己酉
十小　三百一十二分入朔	壬午	辛酉	庚子	己卯
十一大　八百一十一分入朔	辛亥	庚寅	己巳	戊申
十二小　三百七十分入朔	辛巳	庚申	己亥	戊寅

續表

一章十年（正月十一日冬至）	隱公元年（己未）	僖公十四年（乙亥）	襄公三年（辛卯）	哀公元年（丁未）
正大　八百六十九分入朔	庚戌	己丑	戊辰	丁未
二小　四百二十八分入朔	庚辰	己未	戊戌	丁丑
三大　九百二十七分入朔	己酉	戊子	丁卯	丙午
四大　四百八十六分入朔	己卯	戊午	丁酉	丙子
五小　四十五分入朔	己酉	戊子	丁卯	丙午
六大　五百四十四分入朔	戊寅	丁巳	丙申	乙亥
七小　一百三分入朔	戊申	丁亥	丙寅	乙巳
八大　六百二分入朔	丁丑	丙辰	乙未	甲戌
九小　一百六十一分入朔	丁未	丙戌	乙丑	甲辰
十大　六百六十分入朔	丙子	乙卯	甲午	癸酉
十一小　二百一十九分入朔	丙午	乙酉	甲子	癸卯
十二大　七百一十八分入朔	乙亥	甲寅	癸巳	壬申

續表

一章十一年（正月二十一日冬至）	隱公二年（庚申）	僖公十五年（丙子）	襄公四年（壬辰）	哀公二年（戊申）
正小　二百七十七分入朔	乙巳	甲申	癸亥	壬寅
二大　七百七十六分入朔	甲戌	癸丑	壬辰	辛未
三小　三百三十五分入朔	甲辰	癸未	壬戌	辛丑
四大　八百三十四分入朔	癸酉	壬子	辛卯	庚午
五小　三百九十三分入朔	癸卯	壬午	辛酉	庚子
六大　八百九十二分入朔	壬申	辛亥	庚寅	己巳
七大　四百五十一分入朔	壬寅	辛巳	庚申	己亥
八小　十分入朔	壬申	辛亥	庚寅	己巳
九大　五百九分入朔	辛丑	庚辰	己未	戊戌
十小　六十八分入朔	辛未	庚戌	己丑	戊辰
十一大　五百六十七分入朔	庚子	己卯	戊午	丁酉
閏小　一百二十六分入朔	庚午	己酉	戊子	丁卯
十二大　六百二十五分入朔	己亥	戊寅	丁巳	丙申

續表

一章十二年（正月初二日冬至）	隱公三年（辛酉）	僖公十六年（丁丑）	襄公五年（癸巳）	哀公三年（己酉）
正小　一百八十四分入朔	己巳	戊申	丁亥	丙寅
二大　六百八十三分入朔	戊戌	丁丑	丙辰	乙未
三小　二百四十二分入朔	戊辰	丁未	丙戌	乙丑
四大　七百四十一分入朔	丁酉	丙子	乙卯	甲午
五小　三百分入朔	丁卯	丙午	乙酉	甲子
六大　七百九十九分入朔	丙申	乙亥	甲寅	癸巳
七小　三百五十八分入朔	丙寅	乙巳	甲申	癸亥
八大　八百五十七分入朔	乙未	甲戌	癸丑	壬辰
九小　四百一十六分入朔	乙丑	甲辰	癸未	壬戌
十大　九百一十五分入朔	甲午	癸酉	壬子	辛卯
十一大　四百七十四分入朔	甲子	癸卯	壬午	辛酉
十二小　三十三分入朔	甲午	癸酉	壬子	辛卯

續表

一章十三年（正月十四日冬至）	隱公四年（壬戌）	僖公十七年（戊寅）	襄公六年（甲午）	哀公四年（庚戌）
正大　五百三十二分入朔	癸亥	壬寅	辛巳	庚申
二小　九十一分入朔	癸巳	壬申	辛亥	庚寅
三大　五百九十分入朔	壬戌	辛丑	庚辰	己未
四小　一百四十九分入朔	壬辰	辛未	庚戌	己丑
五大　六百四十八分入朔	辛酉	庚子	己卯	戊午
六小　二百七分入朔	辛卯	庚午	己酉	戊子
七大　七百六分入朔	庚申	己亥	戊寅	丁巳
八小　二百六十五分入朔	庚寅	己巳	戊申	丁亥
九大　七百六十四分入朔	己未	戊戌	丁丑	丙辰
十小　三百二十三分入朔	己丑	戊辰	丁未	丙戌
十一大　八百二十二分入朔	戊午	丁酉	丙子	乙卯
十二小　三百八十一分入朔	戊子	丁卯	丙午	乙酉

續表

一章十四年（正月二十五日冬至）	隱公五年（癸亥）	僖公十八年（己卯）	襄公七年（乙未）〔一〕	哀公五年（辛亥）
正大　八百八十分入朔	丁巳	丙申	乙亥	甲寅
二小　四百三十九分入朔	丁亥	丙寅	乙巳	甲申
三大　九百三十八分入朔	丙辰	乙未	甲戌	癸丑
四大　四百九十七分入朔	丙戌	乙丑	甲辰	癸未
五小　五十六分入朔	丙辰	乙未	甲戌	癸丑
六大　五百五十五分入朔	乙酉	甲子	癸卯	壬午
七小　一百一十四分入朔	乙卯	甲午	癸酉	壬子
閏大　六百一十三分入朔	甲申	癸亥	壬寅	辛巳
八小　一百七十二分入朔	甲寅	癸巳	壬申	辛亥
九大　六百七十一分入朔	癸未	壬戌	辛丑	庚辰
十小　二百三十分入朔	癸丑	壬辰	辛未	庚戌

〔一〕「乙未」，原誤作「己未」，據文淵閣本改。

續表

十一大　七百二十九分入朔	壬午	辛酉	庚子	己卯
十二小　二百八十八分入朔	壬子	辛卯	庚午	己酉
一章十五年（正月初六日冬至）	**隱公六年（甲子）**	**僖公十九年（庚辰）**	**襄公八年（丙申）**	**哀公六年（壬子）**
正大　七百八十七分入朔	辛巳	庚申	己亥	戊寅
二小　三百四十六分入朔	辛亥	庚寅	己巳	戊申
三大　八百四十五分入朔	庚辰	己未	戊戌	丁丑
四小　四百四分入朔	庚戌	己丑	戊辰	丁未
五大　九百三分入朔	己卯	戊午	丁酉	丙子
六大　四百六十二分入朔	己酉	戊子	丁卯	丙午
七小　二十一分入朔	己卯	戊午	丁酉	丙子
八大　五百二十分入朔	戊申	丁亥	丙寅	乙巳
九小　七十九分入朔	戊寅	丁巳	丙申	乙亥
十大　五百七十八分入朔	丁未	丙戌	乙丑	甲辰
十一小　一百三十七分入朔	丁丑	丙辰	乙未	甲戌

續表

十二大　六百三十六分入朔	丙午	乙酉	甲子	癸卯
一章十六年（正月十六日冬至）	**隱公七年**（乙丑）	**僖公二十年**（辛巳）	**襄公九年**（丁酉）	**哀公七年**（癸丑）
正小　一百九十五分入朔	丙子	乙卯	甲午	癸酉
二大　六百九十四分入朔	乙巳	甲申	癸亥	壬寅
三小　二百五十三分入朔	乙亥	甲寅	癸巳	壬申
四大　七百五十二分入朔	甲辰	癸未	壬戌	辛丑
五小　三百一十一分入朔	甲戌	癸丑	壬辰	辛未
六大　八百一十分入朔	癸卯	壬午	辛酉	庚子
七小　三百六十九分入朔	癸酉	壬子	辛卯	庚午
八大　八百六十八分入朔	壬寅	辛巳	庚申	己亥
九小　四百二十七分入朔	壬申	辛亥	庚寅	己巳
十大　九百二十六分入朔	辛丑	庚辰	己未	戊戌
十一大　四百八十五分入朔	辛未	庚戌	己丑	戊辰
十二小　四十四分入朔	辛丑	庚辰	己未	戊戌

續表

一章十七年（正月二十八日冬至）	隱公八年（丙寅）	僖公二十一年（壬午）	襄公十年（戊戌）	哀公八年（甲寅）
正大　五百四十三分入朔	庚午	己酉	戊子	丁卯
二小　一百二分入朔	庚子	己卯	戊午	丁酉
三大　六百一分入朔	己巳	戊申	丁亥	丙寅
四小　一百六十分入朔	己亥	戊寅	丁巳	丙申
閏大　六百五十九分入朔	戊辰	丁未	丙戌	乙丑
五小　二百一十八分入朔	戊戌	丁丑	丙辰	乙未
六大　七百一十七分入朔	丁卯	丙午	乙酉	甲子
七小　二百七十六分入朔	丁酉	丙子	乙卯	甲午
八大　七百七十五分入朔	丙寅	乙巳	甲申	癸亥
九小　三百三十四分入朔	丙申	乙亥	甲寅	癸巳
十大　八百三十三分入朔	乙丑	甲辰	癸未	壬戌
十一小　三百九十二分入朔	乙未	甲戌	癸丑	壬辰
十二大　八百九十一分入朔	甲子	癸卯	壬午	辛酉

續表

一章十八年（正月初九日冬至）	隱公九年（丁卯）	僖公二十二年（癸未）	襄公十一年（己亥）	哀公九年（乙卯）
正大　四百五十分入朔	甲午	癸酉	壬子	辛卯
二小　九分入朔	甲子	癸卯	壬午	辛酉
三大　五百八分入朔	癸巳	壬申	辛亥	庚寅
四小　六十七分入朔	癸亥	壬寅	辛巳	庚申
五大　五百六十六分入朔	壬辰	辛未	庚戌	己丑
六小　一百二十五分入朔	壬戌	辛丑	庚辰	己未
七大　六百二十四分入朔	辛卯	庚午	己酉	戊子
八小　一百八十三分入朔	辛酉	庚子	己卯	戊午
九大　六百八十二分入朔	庚寅	己巳	戊申	丁亥
十小　二百四十一分入朔	庚申	己亥	戊寅	丁巳
十一大　七百四十分入朔	己丑	戊辰	丁未	丙戌
十二小　二百九十九分入朔	己未	戊戌	丁丑	丙辰

一章十九年（正月二十日冬至）	隱公十年（戊辰）	僖公二十三年（甲申）	襄公十二年（庚子）	哀公十年（丙辰）
正大　七百九十八分入朔	戊子	丁卯	丙午	乙酉
二小　三百五十七分入朔	戊午	丁酉	丙子	乙卯
三大　八百五十六分入朔	丁亥	丙寅	乙巳	甲申
四小　四百一十五分入朔	丁巳	丙申	乙亥	甲寅
五大　九百一十四分入朔	丙戌	乙丑	甲辰	癸未
六大　四百七十三分入朔	丙辰	乙未	甲戌	癸丑
七小　三十二分入朔	丙戌	乙丑	甲辰	癸未
八大　五百三十一分入朔	乙卯	甲午	癸酉	壬子
九小　九十分入朔	乙酉	甲子	癸卯	壬午
十大　五百八十九分入朔	甲寅	癸巳	壬申	辛亥
十一小　一百四十八分入朔	甲申	癸亥	壬寅	辛巳
十二大　六百四十七分入朔	癸丑	壬辰	辛未	庚戌
閏小　二百六分入朔	癸未	壬戌	辛丑	庚辰

續表

第二章首（正月初一日冬至）	隱公十一年（己巳）	僖公二十四年（乙酉）	襄公十三年（辛丑）	哀公十一年（丁巳）
正大　七百五分入朔	壬子	辛卯	庚午	己酉
二小　二百六十四分入朔	壬午	辛酉	庚子	己卯
三大　七百六十三分入朔	辛亥	庚寅	己巳	戊申
四小　三百二十二分入朔	辛巳	庚申	己亥	戊寅
五大　八百二十一分入朔	庚戌	己丑	戊辰	丁未
六小　三百八十分入朔	庚辰	己未	戊戌	丁丑
七大　八百七十九分入朔	己酉	戊子	丁卯	丙午
八小　四百三十八分入朔	己卯	戊午	丁酉	丙子
九大　九百三十七分入朔	戊申	丁亥	丙寅	乙巳
十大　四百九十六分入朔	戊寅	丁巳	丙申	乙亥
十一小　五十五分入朔	戊申	丁亥	丙寅	乙巳
十二大　五百五十四分入朔	丁丑	丙辰	乙未	甲戌

續表

二章二年（正月十二日冬至）	桓公元年（庚午）	僖公二十五年（丙戌）	襄公十四年（壬寅）	哀公十二年（戊午）
正小　一百一十三分入朔	丁未	丙戌	乙丑	甲辰
二大　六百一十二分入朔	丙子	乙卯	甲午	癸酉
三小　一百七十一分入朔	丙午	乙酉	甲子	癸卯
四大　六百七十分入朔	乙亥	甲寅	癸巳	壬申
五小　二百二十九分入朔	乙巳	甲申	癸亥	壬寅
六大　七百二十八分入朔	甲戌	癸丑	壬辰	辛未
七小　二百八十七分入朔	甲辰	癸未	壬戌	辛丑
八大　七百八十六分入朔	癸酉	壬子	辛卯	庚午
九小　三百四十五分入朔	癸卯	壬午	辛酉	庚子
十大　八百四十四分入朔	壬申	辛亥	庚寅	己巳
十一小　四百三分入朔	壬寅	辛巳	庚申	己亥
十二大　九百二分入朔	辛未	庚戌	己丑	戊辰

續表

二章三年（正月二十三日冬至）	桓公二年（辛未）〔一〕	僖公二十六年（丁亥）	襄公十五年（癸卯）	哀公十三年（己未）
正大　四百六十一分入朔	辛丑	庚辰	己未	戊戌
二小　二十分入朔	辛未	庚戌	己丑	戊辰
三大　五百一十九分入朔	庚子	己卯	戊午	丁酉
四小　七十八分入朔	庚午	己酉	戊子	丁卯
五大　五百七十七分入朔	己亥	戊寅	丁巳	丙申
六小　一百三十六分入朔	己巳	戊申	丁亥	丙寅
七大　六百三十五分入朔	戊戌	丁丑	丙辰	乙未
八小　一百九十四分入朔	戊辰	丁未	丙戌	乙丑
九大　六百九十三分入朔	丁酉	丙子	乙卯	甲午
閏小　二百五十二分入朔	丁卯	丙午	乙酉	甲子
十大　七百五十一分入朔	丙申	乙亥	甲寅	癸巳
十一小　三百一十分入朔	丙寅	乙巳	甲申	癸亥

〔一〕「辛未」，原誤作「辛巳」，據文淵閣本改。

十二大　八百九分入朔	乙未	甲戌	癸丑	壬辰
二章四年（正月初四日冬至）	**桓公三年**（壬申）	**僖公二十七年**（戊子）	**襄公十六年**（甲辰）	**哀公十四年**（庚申）
正小　三百六十八分入朔	乙丑	甲辰	癸未	壬戌
二大　八百六十七分入朔	甲午	癸酉	壬子	辛卯
三小　四百二十六分入朔	甲子	癸卯	壬午	辛酉
四大　九百二十五分入朔	癸巳	壬申	辛亥	庚寅
五大　四百八十四分入朔	癸亥	壬寅	辛巳	庚申
六小　四十三分入朔	癸巳	壬申	辛亥	庚寅
七大　五百四十二分入朔	壬戌	辛丑	庚辰	己未
八小　一百一分入朔	壬辰	辛未	庚戌	己丑
九大　六百分入朔	辛酉	庚子	己卯	戊午
十小　一百五十九分入朔	辛卯	庚午	己酉	戊子
十一大　六百五十八分入朔	庚申	己亥	戊寅	丁巳
十二小　二百一十七分入朔	庚寅	己巳	戊申	丁亥

續表

二章五年（正月十五日冬至）	桓公四年（癸酉）	僖公二十八年（己丑）	襄公十七年（乙巳）	哀公十五年（辛酉）
正大　七百一十六分入朔	己未	戊戌	丁丑	丙辰
二小　二百七十五分入朔	己丑	戊辰	丁未	丙戌
三大　七百七十四分入朔	戊午	丁酉	丙子	乙卯
四小　三百三十三分入朔	戊子	丁卯	丙午	乙酉
五大　八百三十二分入朔	丁巳	丙申	乙亥	甲寅
六小　三百九十一分入朔	丁亥	丙寅	乙巳	甲申
七大　八百九十分入朔	丙辰	乙未	甲戌	癸丑
八大〔一〕　四百四十九分入朔	丙戌	乙丑	甲辰	癸未
九小　八分入朔	丙辰	乙未	甲戌	癸丑
十大　五百七十分入朔	乙酉	甲子	癸卯	壬午

〔一〕「大」，原誤作「小」，據文淵閣本改。

續表

十一小　六十六分入朔	乙卯	甲午	癸酉	壬子
十二大　五百六十五分入朔	甲申	癸亥	壬寅	辛巳
二章六年（正月二十六日冬至）	**桓公五年**（甲戌）	**僖公二十九年**（庚寅）	**襄公十八年**（丙午）	**哀公十六年**（壬戌）
正小　一百二十四分入朔	甲寅	癸巳	壬申	辛亥
二大　六百二十三分入朔	癸未	壬戌	辛丑	庚辰
三小　一百八十二分入朔	癸丑	壬辰	辛未	庚戌
四大　六百八十一分入朔	壬午	辛酉	庚子	己卯
五小　二百四十分入朔	壬子	辛卯	庚午	己酉
六大　七百三十九分入朔	辛巳	庚申	己亥	戊寅
閏小　二百九十八分入朔	辛亥	庚寅	己巳	戊申
七大　七百九十七分入朔	庚辰	己未	戊戌	丁丑
八小　三百五十六分入朔	庚戌	己丑	戊辰	丁未
九大　八百五十五分入朔	己卯	戊午	丁酉	丙子
十小　四百一十四分入朔	己酉	戊子	丁卯	丙午

續表

十一大　九百一十三分入朔	戊寅	丁巳	丙申	乙亥
十二大　四百七十二分入朔	戊申	丁亥	丙寅	乙巳
二章七年（正月初七日冬至）	**桓公六年**（乙亥）	**僖公三十年**（辛卯）	**襄公十九年**（丁未）	**哀公十七年**（癸亥）
正小　三十一分入朔	戊寅	丁巳	丙申	乙亥
二大　五百三十分入朔	丁未	丙戌	乙丑	甲辰
三小　八十九分入朔	丁丑	丙辰	乙未	甲戌
四大　五百八十八分入朔	丙午	乙酉	甲子	癸卯
五小　一百四十七分入朔	丙子	乙卯	甲午	癸酉
六大　六百四十六分入朔	乙巳	甲申	癸亥	壬寅
七小　二百五分入朔	乙亥	甲寅	癸巳	壬申
八大　七百四分入朔	甲辰	癸未	壬戌	辛丑
九小　二百六十三分入朔	甲戌	癸丑	壬辰	辛未
十大　七百六十二分入朔	癸卯	壬午	辛酉	庚子
十一小　三百二十一分入朔	癸酉	壬子	辛卯	庚午

續表

十二大　八百二十分入朔	壬寅	辛巳	庚申	己亥
二章八年 **（正月十八日冬至）**	**桓公七年** **（丙子）**	**僖公三十一年** **（壬辰）**	**襄公二十年** **（戊申）**	**哀公十八年** **（甲子）**
正小　三百七十九分入朔	壬申	辛亥	庚寅	己巳
二大　八百七十八分入朔	辛丑	庚辰	己未	戊戌
三小　四百三十七分入朔	辛未	庚戌	己丑	戊辰
四大　九百三十六分入朔	庚子	己卯	戊午	丁酉
五大　四百九十五分入朔	庚午	己酉	戊子	丁卯
六小　五十四分入朔	庚子	己卯	戊午	丁酉
七大　五百五十三分入朔	己巳	戊申	丁亥	丙寅
八小　一百一十二分入朔	己亥	戊寅	丁巳	丙申
九大　六百一十一分入朔	戊辰	丁未	丙戌	乙丑
十小　一百七十分入朔	戊戌	丁丑	丙辰	乙未
十一大　六白九十九分入朔	丁卯	丙午	乙酉	甲子
十二小　二百二十八分入朔	丁酉	丙子	乙卯	甲午

續表

二章九年（正月二十九日冬至）	桓公八年（丁丑）	僖公三十二年（癸巳）	襄公二十一年（己酉）	哀公十九年（乙丑）
正大　七百二十七分入朔	丙寅	乙巳	甲申	癸亥
二小　二百八十六分入朔	丙申	乙亥	甲寅	癸巳
閏大　七百八十五分入朔	乙丑	甲辰	癸未	壬戌
三小　三百四十四分入朔	乙未	甲戌	癸丑	壬辰
四大　八百四十三分入朔	甲子	癸卯	壬午	辛酉
五小　四百二分入朔	甲午	癸酉	壬子	辛卯
六大　九百一分入朔	癸亥	壬寅	辛巳	庚申
七大　四百六十分入朔	癸巳	壬申	辛亥	庚寅
八小　一十九分入朔	癸亥	壬寅	辛巳	庚申
九大　五百一十八分入朔	壬辰	辛未	庚戌	己丑
十小　七十七分入朔	壬戌	辛丑	庚辰	己未
十一大　五百七十六分入朔	辛卯	庚午	己酉	戊子
十二小　一百三十五分入朔	辛酉	庚子	己卯	戊午

續表

	二章十年（正月十一日冬至）	桓公九年（戊寅）	僖公三十三年（甲午）	襄公二十二年（庚戌）	哀公二十年（丙寅）
正大	六百三十四分入朔	庚寅	己巳	戊申	丁亥
二小	一百九十三分入朔	庚申	己亥	戊寅	丁巳
三大	六百九十二分入朔	己丑	戊辰	丁未	丙戌
四小	二百五十一分入朔	己未	戊戌	丁丑	丙辰
五大	七百五十分入朔	戊子	丁卯	丙午	乙酉
六小	三百九分入朔	戊午	丁酉	丙子	乙卯
七大	八百八分入朔	丁亥	丙寅	乙巳	甲申
八小	三百六十七分入朔	丁巳	丙申	乙亥	甲寅
九大	八百六十六分入朔	丙戌	乙丑	甲辰	癸未
十小	四百二十五分入朔	丙辰	乙未	甲戌	癸丑
十一大	九百二十四分入朔	乙酉	甲子	癸卯	壬午
十二大	四百八十三分入朔	乙卯	甲午	癸酉	壬子

續表

二章十一年（正月二十一日冬至）	桓公十年（己卯）	文公元年（乙未）	襄公二十三年（辛亥）	哀公二十一年（丁卯）
正小 四十二分入朔	乙酉	甲子	癸卯	壬午
二大 五百四十一分入朔	甲寅	癸巳	壬申	辛亥
三小 一百分入朔	甲申	癸亥	壬寅	辛巳
四大 五百九十九分入朔	癸丑	壬辰	辛未	庚戌
五小 一百五十八分入朔	癸未	壬戌	辛丑	庚辰
六大 六百五十七分入朔	壬子	辛卯	庚午	己酉
七小 二百一十六分入朔	壬午	辛酉	庚子	己卯
八大 七百一十五分入朔	辛亥	庚寅	己巳	戊申
九小 二百七十四分入朔	辛巳	庚申	己亥	戊寅
十大 七百七十三分入朔	庚戌	己丑	戊辰	丁未
十一小 三百三十二分入朔	庚辰	己未	戊戌	丁丑
閏大 八百三十一分入朔	己酉	戊子	丁卯	丙午
十二小 三百九十分入朔	己卯	戊午	丁酉	丙子

續表

二章十二年（正月初三日冬至）	桓公十一年（庚辰）	文公二年（丙申）	襄公二十四年（壬子）	哀公二十二年（戊辰）
正大　八百八十九分入朔	戊申	丁亥	丙寅	乙巳
二大　四百四十八分入朔	戊寅	丁巳	丙申	乙亥
三小　七分入朔	戊申	丁亥	丙寅	乙巳
四大　五百六分入朔	丁丑	丙辰	乙未	甲戌
五小　六十五分入朔	丁未	丙戌	乙丑	甲辰
六大　五百六十四分入朔	丙子	乙卯	甲午	癸酉
七小　一百二十三分入朔	丙午	乙酉	甲子	癸卯
八大　六百二十二分入朔	乙亥	甲寅	癸巳	壬申
九小　一百八十一分入朔	乙巳	甲申	癸亥	壬寅
十大　六百八十分入朔	甲戌	癸丑	壬辰	辛未
十一小　二百三十九分入朔	甲辰	癸未	壬戌	辛丑
十二大　七百三十八分入朔	癸酉	壬子	辛卯	庚午

續表

二章十三年（正月十三日冬至）	桓公十二年（辛巳）	文公三年（丁酉）	襄公二十五年（癸丑）	哀公二十三年（己巳）
正小　二百九十七分入朔	癸卯	壬午	辛酉	庚子
二大　七百九十六分入朔	壬申	辛亥	庚寅	己巳
三小　三百五十五分入朔	壬寅	辛巳	庚申	己亥
四大　八百五十四分入朔	辛未	庚戌	己丑	戊辰
五小　四百一十三分入朔	辛丑	庚辰	己未	戊戌
六大　九百一十二分入朔	庚午	己酉	戊子	丁卯
七大　四百七十一分入朔	庚子	己卯	戊午	丁酉
八小　三十分入朔	庚午	己酉	戊子	丁卯
九大　五百二十九分入朔	己亥	戊寅	丁巳	丙申
十小　八十八分入朔	己巳	戊申	丁亥	丙寅
十一大　五百八十七分入朔	戊戌	丁丑	丙辰	乙未
十二小　一百四十六分入朔	戊辰	丁未	丙戌	乙丑

續表

二章十四年（正月二十五日冬至）	桓公十三年（壬午）	文公四年（戊戌）	襄公二十六年（甲寅）	哀公二十四年（庚午）
正大　六百四十五分入朔	丁酉	丙子	乙卯	甲午
二小　二百四分入朔	丁卯	丙午	乙酉	甲子
三大　七百三分入朔	丙申	乙亥	甲寅	癸巳
四小　二百六十二分入朔	丙寅	乙巳	甲申	癸亥
五大　七百六十一分入朔	乙未	甲戌	癸丑	壬辰
六小　三百二十分入朔	乙丑	甲辰	癸未	壬戌
七大　八百一十九分入朔	甲午	癸酉	壬子	辛卯
閏小　三百七十八分入朔	甲子	癸卯	壬午	辛酉
八大　八百七十七分入朔	癸巳	壬申	辛亥	庚寅
九小　四百三十六分入朔	癸亥	壬寅	辛巳	庚申
十大　九百三十五分入朔	壬辰	辛未	庚戌	己丑
十一大　四百九十四分入朔	壬戌	辛丑	庚辰	己未
十二小　五十三分入朔	壬辰	辛未	庚戌	己丑

續表

二章十五年（正月初六日冬至）	桓公十四年（癸未）	文公五年（己亥）	襄公二十七年（乙卯）	哀公二十五年（辛未）
正大　五百五十二分入朔	辛酉	庚子	己卯	戊午
二小　一百一十一分入朔	辛卯	庚午	己酉	戊子
三大　六百一十分入朔	庚申	己亥	戊寅	丁巳
四小　一百六十九分入朔	庚寅	己巳	戊申	丁亥
五大　六百六十八分入朔	己未	戊戌	丁丑	丙辰
六小　二百二十七分入朔	己丑	戊辰	丁未	丙戌
七大　七百二十六分入朔	戊午	丁酉	丙子	乙卯
八小　二百八十五分入朔	戊子	丁卯	丙午	乙酉
九大　七百八十四分入朔	丁巳	丙申	乙亥	甲寅
十小　三百四十三分入朔	丁亥	丙寅	乙巳	甲申
十一大　八百四十二分入朔	丙辰	乙未	甲戌	癸丑
十二小　四百一分入朔	丙戌	乙丑	甲辰	癸未

二章十六年（正月十七日冬至）	桓公十五年（甲申）	文公六年（庚子）	襄公二十八年（丙辰）	哀公二十六年（壬申）
正大　九百分入朔	乙卯	甲午	癸酉	壬子
二大　四百五十九分入朔	乙酉	甲子	癸卯	壬午
三小　一十八分入朔	乙卯	甲午	癸酉	壬子
四大　五百一十七分入朔	甲申	癸亥	壬寅	辛巳
五小　七十六分入朔	甲寅	癸巳	壬申	辛亥
六大　五百七十五分入朔	癸未	壬戌	辛丑	庚辰
七小　一百三十四分入朔	癸丑	壬辰	辛未	庚戌
八大　六百三十三分入朔	壬午	辛酉	庚子	己卯
九小　一百九十二分入朔	壬子	辛卯	庚午	己酉
十大　六百九十一分入朔	辛巳	庚申	己亥	戊寅
十一小　二百五十分入朔	辛亥	庚寅	己巳	戊申
十二大　七百四十九分入朔	庚辰	己未	戊戌	丁丑

續表

二章十七年（正月二十七日冬至）	桓公十六年（乙酉）	文公七年（辛丑）	襄公二十九年（丁巳）	哀公二十七年（癸酉）
正小　三百八分入朔	庚戌	己丑	戊辰	丁未
二大　八百七分入朔	己卯	戊午	丁酉	丙子
三小　三百六十六分入朔	己酉	戊子	丁卯	丙午
四大　八百六十五分入朔	戊寅	丁巳	丙申	乙亥
閏小　四百二十四分入朔	戊申	丁亥	丙寅	乙巳
五大　九百二十三分入朔	丁丑	丙辰	乙未	甲戌
六大　四百八十二分入朔	丁未	丙戌	乙丑	甲辰
七小　四十一分入朔	丁丑	丙辰	乙未	甲戌
八大　五百四十分入朔	丙午	乙酉	甲子	癸卯
九小　九十九分入朔	丙子	乙卯	甲午	癸酉
十大　五百九十八分入朔	乙巳	甲申	癸亥	壬寅
十一小　一百五十七分入朔	乙亥	甲寅	癸巳	壬申
十二大　六百五十六分入朔	甲辰	癸未	壬戌	辛丑

	二章十八年（正月初九日冬至）	桓公十七年（丙戌）	文公八年（壬寅）	襄公三十年（戊午）	
正小	二百一十五分入朔	甲戌	癸丑	壬辰	
二大	七百一十四分入朔	癸卯	壬午	辛酉	
三小	二百七十三分入朔	癸酉	壬子	辛卯	
四大	七百七十二分入朔	壬寅	辛巳	庚申	
五小	三百三十一分入朔	壬申	辛亥	庚寅	
六大	八百三十分入朔	辛丑	庚辰	己未	
七小	三百八十九分入朔	辛未	庚戌	己丑	
八大	八百八十八分入朔	庚子	己卯	戊午	
九大	四百四十七分入朔	庚午	己酉	戊子	
十小	六分入朔	庚子	己卯	戊午	
十一大	五百五分入朔	己巳	戊申	丁亥	
十二小	六十四分入朔	己亥	戊寅	丁巳	

續表

二章十九年（正月二十日冬至）	桓公十八年（丁亥）	文公九年（癸卯）	襄公三十一年（己未）	
正大　五百六十三分入朔	戊辰	丁未	丙戌	
二小　一百二十二分入朔	戊戌	丁丑	丙辰	
三大　六百二十一分入朔	丁卯	丙午	乙酉	
四小　一百八十分入朔	丁酉	丙子	乙卯	
五大　六百七十九分入朔	丙寅	乙巳	甲申	
六小　二百三十八分入朔	丙申	乙亥	甲寅	
七大　七百三十七分入朔	乙丑	甲辰	癸未	
八小　二百九十六分入朔	乙未	甲戌	癸丑	
九大　七百九十五分入朔	甲子	癸卯	壬午	
十小　三百五十四分入朔	甲午	癸酉	壬子	
十一大　八百五十三分入朔	癸亥	壬寅	辛巳	
十二小　四百一十二分入朔	癸巳	壬申	辛亥	
閏大　九百一十一分入朔	壬戌	辛丑	庚辰	

續表

第三章首（正月初一日冬至）	莊公元年（戊子）	文公十年（甲辰）	昭公元年（庚申）	
正大　四百七十分入朔	壬辰	辛未	庚戌	
二小　二十九分入朔	壬戌	辛丑	庚辰	
三大　五百二十八分入朔	辛卯	庚午	己酉	
四小　八十七分入朔	辛酉	庚子	己卯	
五大　五百八十六分入朔	庚寅	己巳	戊申	
六小　一百四十五分入朔	庚申	己亥	戊寅	
七大　六百四十四分入朔	己丑	戊辰	丁未	
八小　二百三分入朔	己未	戊戌	丁丑	
九大　七百二分入朔	戊子	丁卯	丙午	
十小　二百六十一分入朔	戊午	丁酉	丙子	
十一大　七百六十分入朔	丁亥	丙寅	乙巳	
十二小　三百一十九分入朔	丁巳	丙申	乙亥	

續表

三章二年（正月十二日冬至）〔一〕	莊公二年（己丑）	文公十一年（乙巳）	昭公二年（辛酉）	
正大　八百一十八分入朔	丙戌	乙丑	甲辰	
二小　三百七十七分入朔	丙辰	乙未	甲戌	
三大　八百七十六分入朔	乙酉	甲子	癸卯	
四小　四百三十五分入朔	乙卯	甲午	癸酉	
五大　九百三十四分入朔	甲申	癸亥	壬寅	
六大　四百九十三分入朔	甲寅	癸巳	壬申	
七小　五十二分入朔	甲申	癸亥	壬寅	
八大　五百五十一分入朔	癸丑	壬辰	辛未	
九小　一百一十分入朔	癸未	壬戌	辛丑	
十大　六百九分入朔	壬子	辛卯	庚午	
十一小　一百六十八分入朔	壬午	辛酉	庚子	

〔一〕「十二日」，原誤作「二十三日」，據文淵閣本改。

十二大　六百六十七分入朔	辛亥	庚寅	己巳	
三章三年（正月二十三日冬至）	**莊公三年**（庚寅）	**文公十二年**（丙午）	**昭公三年**（壬戌）	
正小　二百二十六分入朔	辛巳	庚申	己亥	
二大　七百二十五分入朔	庚戌	己丑	戊辰	
三小　二百八十四分入朔	庚辰	己未	戊戌	
四大　七百八十三分入朔	己酉	戊子	丁卯	
五小　三百四十二分入朔	己卯	戊午	丁酉	
六大　八百四十一分入朔	戊申	丁亥	丙寅	
七小　四百分入朔	戊寅	丁巳	丙申	
八大　八百九十九分入朔	丁未	丙戌	乙丑	
九大　四百五十八分入朔	丁丑	丙辰	乙未	
閏小　十七分入朔	丁未	丙戌	乙丑	
十大　五百一十六分入朔	丙子	乙卯	甲午	
十一小　七十五分入朔	丙午	乙酉	甲子	

續表

十二大　五百七十四分入朔	乙亥	甲寅	癸巳	
三章四年（正月初四日冬至）	**莊公四年**（辛卯）	**文公十三年**（丁未）	**昭公四年**（癸亥）	
正小　一百三十三分入朔	乙巳	甲申	癸亥	
二大　六百三十二分入朔	甲戌	癸丑	壬辰	
三小　一百九十一分入朔	甲辰	癸未	壬戌	
四大　六百九十分入朔	癸酉	壬子	辛卯	
五小　二百四十九分入朔	癸卯	壬午	辛酉	
六大　七百四十八分入朔	壬申	辛亥	庚寅	
七小　三百七分入朔	壬寅	辛巳	庚申	
八大　八百六分入朔	辛未	庚戌	己丑	
九小　三百六十五分入朔	辛丑	庚辰	己未	
十大　八百六十四分入朔	庚午	己酉	戊子	
十一小　四百二十三分入朔	庚子	己卯	戊午	
十二大　九百二十二分入朔	己巳	戊申	丁亥	

三章五年（正月十五日冬至）	莊公五年（壬辰）	文公十四年（戊申）	昭公五年（甲子）	
正大　四百八十一分入朔	己亥	戊寅	丁巳	
二小　四十分入朔	己巳	戊申	丁亥	
三大　五百三十九分入朔	戊戌	丁丑	丙辰	
四小　九十八分入朔	戊辰	丁未	丙戌	
五大　五百九十七分入朔	丁酉	丙子	乙卯	
六小　一百五十六分入朔	丁卯	丙午	乙酉	
七大　六百五十五分入朔	丙申	乙亥	甲寅	
八小　二百一十四分入朔	丙寅	乙巳	甲申	
九大　七百一十三分入朔	乙未	甲戌	癸丑	
十小　二百七十二分入朔	乙丑	甲辰	癸未	
十一大　七百七十一分入朔	甲午	癸酉	壬子	
十二小　三百三十分入朔	甲子	癸卯	壬午	

續表

三章六年（正月二十六日冬至）	莊公六年（癸巳）	文公十五年（己酉）	昭公六年（乙丑）	
正大　八百二十九分入朔	癸巳	壬申	辛亥	
二小　三百八十八分入朔	癸亥	壬寅	辛巳	
三大　八百八十七分入朔	壬辰	辛未	庚戌	
四大　四百四十六分入朔	壬戌	辛丑	庚辰	
五小　五分入朔	壬辰	辛未	庚戌	
六大　五百四分入朔	辛酉	庚子	己卯	
閏小　六十三分入朔	辛卯	庚午	己酉	
七大　五百六十二分入朔	庚申	己亥	戊寅	
八小　一百二十一分入朔	庚寅	己巳	戊申	
九大　六百二十分入朔	己未	戊戌	丁丑	
十小　一百七十九分入朔	己丑	戊辰	丁未	
十一大　六百七十八分入朔	戊午	丁酉	丙子	
十二小　二百三十七分入朔	戊子	丁卯	丙午	

續表

三章七年（正月初八日冬至）	莊公七年（甲午）	文公十六年（庚戌）	昭公七年（丙寅）	
正大　七百三十六分入朔	丁巳	丙申	乙亥	
二小　二百九十五分入朔	丁亥	丙寅	乙巳	
三大　七百九十四分入朔	丙辰	乙未	甲戌	
四小　三百五十三分入朔	丙戌	乙丑	甲辰	
五大　八百五十二分入朔	乙卯	甲午	癸酉	
六小　四百一十一分入朔	乙酉	甲子	癸卯	
七大　九百一十分入朔	甲寅	癸巳	壬申	
八大　四百六十九分入朔	甲申	癸亥	壬寅	
九小　二十八分入朔	甲寅	癸巳	壬申	
十大　五百二十七分入朔	癸未	壬戌	辛丑	
十一小　八十六分入朔	癸丑	壬辰	辛未	
十二大　五百八十五分入朔	壬午	辛酉	庚子	

續表

三章八年（正月十八日冬至）	莊公八年（乙未）	文公十七年（辛亥）	昭公八年（丁卯）	
正小　一百四十四分入朔	壬子	辛卯	庚午	
二大　六百四十三分入朔	辛巳	庚申	己亥	
三小　二百二分入朔	辛亥	庚寅	己巳	
四大　七百一分入朔	庚辰	己未	戊戌	
五小　二百六十分入朔	庚戌	己丑	戊辰	
六大　七百五十九分入朔	己卯	戊午	丁酉	
七小　三百一十八分入朔	己酉	戊子	丁卯	
八大　八百一十七分入朔	戊寅	丁巳	丙申	
九小　三百七十六分入朔	戊申	丁亥	丙寅	
十大　八百七十五分入朔	丁丑	丙辰	乙未	
十一小　四百三十四分入朔	丁未	丙戌	乙丑	
十二大　九百三十三分入朔	丙子	乙卯	甲午	

續表

三章九年（正月二十九日冬至）	莊公九年（丙申）	文公十八年（壬子）	昭公九年（戊辰）	
正大　四百九十二分入朔	丙午	乙酉	甲子	
二小　五十分入朔	丙子	乙卯	甲午	
閏大　五百五十分入朔	乙巳	甲申	癸亥	
三小　一百九分入朔	乙亥	甲寅	癸巳	
四大　六百八分入朔	甲辰	癸未	壬戌	
五小　一百六十七分入朔	甲戌	癸丑	壬辰	
六大　六百六十六分入朔	癸卯	壬午	辛酉	
七小　二百二十五分入朔	癸酉	壬子	辛卯	
八大　七百二十四分入朔	壬寅	辛巳	庚申	
九小　二百八十三分入朔	壬申	辛亥	庚寅	
十大　七百八十二分入朔	辛丑	庚辰	己未	
十一小　三百四十一分入朔	辛未	庚戌	己丑	
十二大　八百四十分入朔	庚子	己卯	戊午	

續表

三章十年（正月初十日冬至）	莊公十年（丁酉）	宣公元年（癸丑）	昭公十年（己巳）	
正小　三百九十九分入朔	庚午	己酉	戊子	
二大　八百九十八分入朔	己亥	戊寅	丁巳	
三大　四百五十七分入朔	己巳	戊申	丁亥	
四小　一十六分入朔	己亥	戊寅	丁巳	
五大　五百一十五分入朔	戊辰	丁未	丙戌	
六小　七十四分入朔	戊戌	丁丑	丙辰	
七大　五百七十三分入朔	丁卯	丙午	乙酉	
八小　一百三十二分入朔	丁酉	丙子	乙卯	
九大　六百三十一分入朔	丙寅	乙巳	甲申	
十小　一百九十分入朔	丙申	乙亥	甲寅	
十一大　六百八十九分入朔	乙丑	甲辰	癸未	
十二小　二百四十八分入朔	乙未	甲戌	癸丑	

三章十一年（正月二十一日冬至）	莊公十一年（戊戌）	宣公二年（甲寅）	昭公十一年（庚午）	
正大　七百四十七分入朔	甲子	癸卯	壬午	
二小　三百六分入朔	甲午	癸酉	壬子	
三大　八百五分入朔	癸亥	壬寅	辛巳	
四小　三百六十四分入朔	癸巳	壬申	辛亥	
五大　八百六十三分入朔	壬戌	辛丑	庚辰	
六小　四百二十二分入朔	壬辰	辛未	庚戌	
七大　九百二十一分入朔	辛酉	庚子	己卯	
八大　四百八十分入朔	辛卯	庚午	己酉	
九小　三十九分入朔	辛酉	庚子	己卯	
十大　五百三十八分入朔	庚寅	己巳	戊申	
十一小　九十七分入朔	庚申	己亥	戊寅	
閏大　五百九十六分入朔	己丑	戊辰	丁未	
十二小　一百五十五分入朔	己未	戊戌	丁丑	

續表

三章十二年（正月初二日冬至）〔一〕	莊公十二年（己亥）	宣公三年（乙卯）	昭公十二年（辛未）	
正大　六百五十四分入朔	戊子	丁卯	丙午	
二小　二百一十三分入朔	戊午	丁酉	丙子	
三大　七百一十二分入朔	丁亥	丙寅	乙巳	
四小　二百七十一分入朔	丁巳	丙申	乙亥	
五大　七百七十分入朔	丙戌	乙丑	甲辰	
六小　三百二十九分入朔	丙辰	乙未	甲戌	
七大　八百二十八分入朔	乙酉	甲子	癸卯	
八小　三百八十七分入朔	乙卯	甲午	癸酉	
九大　八百八十六分入朔	甲申	癸亥	壬寅	
十大　四百四十五分入朔	甲寅	癸巳	壬申	
十一小　四分入朔	甲申	癸亥	壬寅	

〔一〕「初二」，原誤作「初一」，據文淵閣本改。

續表

十二大　五百三分入朔	癸丑	壬辰	辛未	
三章十三年（正月十三日冬至）	莊公十三年（庚子）	宣公四年（丙辰）	昭公十三年（壬申）	
正小　六十二分入朔	癸未	壬戌	辛丑	
二大　五百六十一分入朔	壬子	辛卯	庚午	
三小　一百二十分入朔	壬午	辛酉	庚子	
四大　六百一十九分入朔	辛亥	庚寅	己巳	
五小　一百七十八分入朔	辛巳	庚申	己亥	
六大　六百七十七分入朔	庚戌	己丑	戊辰	
七小　二百三十六分入朔	庚辰	己未	戊戌	
八大　七百三十五分入朔	己酉	戊子	丁卯	
九小　二百九十四分入朔	己卯	戊午	丁酉	
十大　七百九十三分入朔	戊申	丁亥	丙寅	
十一小　三百五十二分入朔	戊寅	丁巳	丙申	
十二大　八百五十一分入朔	丁未	丙戌	乙丑	

續表

三章十四年（正月二十四日冬至）	莊公十四年（辛丑）	宣公五年（丁巳）	昭公十四年（癸酉）	
正小　四百一十分入朔	丁丑	丙辰	乙未	
二大　九百九分入朔	丙午	乙酉	甲子	
三大　四百六十八分入朔	丙子	乙卯	甲午	
四小　二十七分入朔	丙午	乙酉	甲子	
五大　五百二十六分入朔	乙亥	甲寅	癸巳	
六小　八十五分入朔	乙巳	甲申	癸亥	
七大　五百八十四分入朔	甲戌	癸丑	壬辰	
閏小　一百四十三分入朔	甲辰	癸未	壬戌	
八大　六百四十二分入朔	癸酉	壬子	辛卯	
九小　二百一分入朔	癸卯	壬午	辛酉	
十大　七百分入朔	壬申	辛亥	庚寅	
十一小　二百五十九分入朔	壬寅	辛巳	庚申	
十二大　七百五十八分入朔	辛未	庚戌	己丑	

續表

三章十五年（正月初六日冬至）	莊公十五年（壬寅）	宣公六年（戊午）	昭公十五年（甲戌）	
正小　三百一十七分入朔	辛丑	庚辰	己未	
二大　八百一十六分入朔	庚午	己酉	戊子	
三小　三百七十五分入朔	庚子	己卯	戊午	
四大　八百七十四分入朔	己巳	戊申	丁亥	
五小　四百三十三分入朔	己亥	戊寅	丁巳	
六大　九百三十二分入朔	戊辰	丁未	丙戌	
七大　四百九十一分入朔	戊戌	丁丑	丙辰	
八小　五十分入朔	戊辰	丁未	丙戌	
九大　五百四十九分入朔	丁酉	丙子	乙卯	
十小　一百八分入朔	丁卯	丙午	乙酉	
十一大　六百七分入朔	丙申	乙亥	甲寅	
十二小　一百六十六分入朔	丙寅	乙巳	甲申	

續表

三章十六年（正月十七日冬至）	莊公十六年（癸卯）	宣公七年（己未）	昭公十六年（乙亥）	
正大　六百六十五分入朔	乙未	甲戌	癸丑	
二小　二百二十四分入朔	乙丑	甲辰	癸未	
三大　七百二十三分入朔	甲午	癸酉	壬子	
四小　二百八十二分入朔	甲子	癸卯	壬午	
五大　七百八十一分入朔	癸巳	壬申	辛亥	
六小　三百四十分入朔	癸亥	壬寅	辛巳	
七大　八百三十九分入朔	壬辰	辛未	庚戌	
八小　三百九十八分入朔	壬戌	辛丑	庚辰	
九大　八百九十七分入朔	辛卯	庚午	己酉	
十大　四百五十六分入朔	辛酉	庚子	己卯	
十一小　一十五分入朔	辛卯	庚午	己酉	
十二大　五百一十四分入朔	庚申	己亥	戊寅	

三章十七年（正月二十七日冬至）	莊公十七年（甲辰）	宣公八年（庚申）	昭公十七年（丙子）	
正小　七十三分入朔	庚寅	己巳	戊申	
二大　五百七十二分入朔	己未	戊戌	丁丑	
三小　一百三十一分入朔	己丑	戊辰	丁未	
四大　六百三十分入朔	戊午	丁酉	丙子	
閏小　一百八十九分入朔	戊子	丁卯	丙午	
五大　六百八十八分入朔	丁巳	丙申	乙亥	
六小　二百四十七分入朔	丁亥	丙寅	乙巳	
七大　七百四十六分入朔	丙辰	乙未	甲戌	
八小　三百五分入朔	丙戌	乙丑	甲辰	
九大　八百四分入朔	乙卯	甲午	癸酉	
十小　三百六十三分入朔	乙酉	甲子	癸卯	
十一大　八百六十二分入朔	甲寅	癸巳	壬申	
十二小　四百二十一分入朔	甲申	癸亥	壬寅	

續表

三章十八年（正月初九日冬至）	莊公十八年（乙巳）	宣公九年（辛酉）	昭公十八年（丁丑）	
正大　九百二十分入朔	癸丑	壬辰	辛未	
二大　四百七十九分入朔	癸未	壬戌	辛丑	
三小　三十八分入朔	癸丑	壬辰	辛未	
四大　五百三十七分入朔	壬午	辛酉	庚子	
五小　九十六分入朔	壬子	辛卯	庚午	
六大　五百九十五分入朔	辛巳	庚申	己亥	
七小　一百五十四分入朔	辛亥	庚寅	己巳	
八大　六百五十三分入朔	庚辰	己未	戊戌	
九小　二百一十二分入朔	庚戌	己丑	戊辰	
十大　七百一十一分入朔	己卯	戊午	丁酉	
十一小　二百七十分入朔	己酉	戊子	丁卯	
十二大　七百六十九分入朔	戊寅	丁巳	丙申	

續表

三章十九年（正月二十日冬至）	莊公十九年（丙午）	宣公十年（壬戌）	昭公十九年（戊寅）	
正小　三百二十八分入朔	戊申	丁亥	丙寅	
二大　八百二十七分入朔	丁丑	丙辰	乙未	
三小　三百八十六分入朔	丁未	丙戌	乙丑	
四大　八百八十五分入朔	丙子	乙卯	甲午	
五大　四百四十四分入朔	丙午	乙酉	甲子	
六小　三分入朔	丙子	乙卯	甲午	
七大　五百二分入朔	乙巳	甲申	癸亥	
八小　六十一分入朔	乙亥	甲寅	癸巳	
九大　五百六十分入朔	甲辰	癸未	壬戌	
十小　一百一十九分入朔	甲戌	癸丑	壬辰	
十一大　六百一十八分入朔	癸卯	壬午	辛酉	
十二小　一百七十七分入朔	癸酉	壬子	辛卯	
閏大　六百七十六分入朔	壬寅	辛巳	庚申	

續表

第四章首（正月初一日冬至）	莊公二十年（丁未）	宣公十一年〔一〕（癸亥）	昭公二十年（己卯）	
正小　二百三十五分入朔	壬申	辛亥	庚寅	
二大　七百三十四分入朔	辛丑	庚辰	己未	
三小　二百九十三分入朔	辛未	庚戌	己丑	
四大　七百九十二分入朔	庚子	己卯	戊午	
五小　三百五十一分入朔	庚午	己酉	戊子	
六大　八百五十分入朔	己亥	戊寅	丁巳	
七小　四百九分入朔	己巳	戊申	丁亥	
八大　九百八分入朔	戊戌	丁丑	丙辰	
九大　四百六十七分入朔	戊辰	丁未	丙戌	
十小　二十六分入朔	戊戌	丁丑	丙辰	
十一大　五百二十五分入朔	丁卯	丙午	乙酉	

〔一〕「十一」，原誤作「十二」，據文淵閣本改。

十二小　八十四分入朔	丁酉	丙子	乙卯	
四章二年（正月十二日冬至）	**莊公二十一年**（戊申）	**宣公十二年**（甲子）	**昭公二十一年**（庚辰）	
正大　五百八十三分入朔	丙寅	乙巳	甲申	
二小　一百四十二分入朔	丙申	乙亥	甲寅	
三大　六百四十一分入朔	乙丑	甲辰	癸未	
四小　二百分入朔	乙未	甲戌	癸丑	
五大　六百九十九分入朔	甲子	癸卯	壬午	
六小　二百五十八分入朔	甲午	癸酉	壬子	
七大　七百五十七分入朔	癸亥	壬寅	辛巳	
八小　三百一十六分入朔	癸巳	壬申	辛亥	
九大　八百一十五分入朔	壬戌	辛丑	庚辰	
十小　三百七十四分入朔	壬辰	辛未	庚戌	
十一大　八百七十三分入朔	辛酉	庚子	己卯	
十二小　四百三十二分入朔	辛卯	庚午	己酉	

續表

四章三年（正月二十三日冬至）	莊公二十二年（己酉）	宣公十三年（乙丑）	昭公二十二年（辛巳）	
正大　九百三十一分入朔	庚申	己亥	戊寅	
二大　四百九十分入朔	庚寅	己巳	戊申	
三小　四十九分入朔	庚申	己亥	戊寅	
四大　五百四十八分入朔	己丑	戊辰	丁未	
五小　一百七分入朔	己未	戊戌	丁丑	
六大　六百六分入朔	戊子	丁卯	丙午	
七小　一百六十五分入朔	戊午	丁酉	丙子	
八大　六百六十四分入朔	丁亥	丙寅	乙巳	
九小　二百二十三分入朔	丁巳	丙申	乙亥	
閏大　七百二十二分入朔	丙戌	乙丑	甲辰	
十小　二百八十一分入朔	丙辰	乙未	甲戌	
十一大　七百八十分入朔	乙酉	甲子	癸卯	
十二小　三百三十九分入朔	乙卯	甲午	癸酉	

四章四年（正月初五日冬至）	莊公二十三年（庚戌）	宣公十四年（丙寅）	昭公二十三年（壬午）	
正大 八百三十八分入朔	甲申	癸亥	壬寅	
二小 三百九十七分入朔	甲寅	癸巳	壬申	
三大 八百九十六分入朔	癸未	壬戌	辛丑	
四大 四百五十五分入朔	癸丑	壬辰	辛未	
五小 一十四分入朔	癸未	壬戌	辛丑	
六大 五百一十三分入朔	壬子	辛卯	庚午	
七小 七十二分入朔	壬午	辛酉	庚子	
八大 五百七十一分入朔	辛亥	庚寅	己巳	
九小 一百三十分入朔	辛巳	庚申	己亥	
十大 六百二十九分入朔	庚戌	己丑	戊辰	
十一小 一百八十八分入朔	庚辰	己未	戊戌	
十二大 六百八十七分入朔	己酉	戊子	丁卯	

續表

四章五年（正月十五日冬至）	莊公二十四年（辛亥）	宣公十五年（丁卯）	昭公二十四年（癸未）	
正小　二百四十六分入朔	己卯	戊午	丁酉	
二大　七百四十五分入朔	戊申	丁亥	丙寅	
三小　三百四分入朔	戊寅	丁巳	丙申	
四大　八百三分入朔	丁未	丙戌	乙丑	
五小　三百六十二分入朔	丁丑	丙辰	乙未	
六大　八百六十一分入朔	丙午	乙酉	甲子	
七小　四百二十分入朔	丙子	乙卯	甲午	
八大　九百一十九分入朔	乙巳	甲申	癸亥	
九大　四百七十八分入朔	乙亥	甲寅	癸巳	
十小　三十七分入朔	乙巳	甲申	癸亥	
十一大　五百三十六分入朔	甲戌	癸丑	壬辰	
十二小　九十五分入朔	甲辰	癸未	壬戌	

續表

四章六年（正月二十六日冬至）	莊公二十五年（壬子）	宣公十六年（戊辰）	昭公二十五年（甲申）	
正大　五百九十四分入朔	癸酉	壬子	辛卯	
二小　一百五十三分入朔	癸卯	壬午	辛酉	
三大　六百五十二分入朔	壬申	辛亥	庚寅	
四小　二百一十一分入朔	壬寅	辛巳	庚申	
五大　七百一十分入朔	辛未	庚戌	己丑	
六小　二百六十九分入朔	辛丑	庚辰	己未	
閏大　七百六十八分入朔	庚午	己酉	戊子	
七小　三百二十七分入朔	庚子	己卯	戊午	
八大　八百二十六分入朔	己巳	戊申	丁亥	
九小　三百八十五分入朔	己亥	戊寅	丁巳	
十大　八百八十四分入朔	戊辰	丁未	丙戌	
十一大　四百四十三分入朔	戊戌	丁丑	丙辰	
十二小　二分入朔	戊辰	丁未	丙戌	

續表

四章七年（正月初七日冬至）	莊公二十六年（癸丑）〔一〕	宣公十七年（己巳）	昭公二十六年（乙酉）	
正大　五百一分入朔	丁酉	丙子	乙卯	
二小　六十分入朔	丁卯	丙午	乙酉	
三大　五百五十九分入朔	丙申	乙亥	甲寅	
四小　一百一十八分入朔	丙寅	乙巳	甲申	
五大　六百一十七分入朔	乙未	甲戌	癸丑	
六小　一百七十六分入朔	乙丑	甲辰	癸未	
七大　六百七十五分入朔	甲午	癸酉	壬子	
八小　二百三十四分入朔	甲子	癸卯	壬午	
九大　七百三十三分入朔	癸巳	壬申	辛亥	
十小　二百九十二分入朔	癸亥	壬寅	辛巳	
十一大　七百九十一分入朔	壬辰	辛未	庚戌	

〔一〕「癸丑」，原誤作「癸未」，據文淵閣本改。

續表

四章八年（正月十九日冬至）	莊公二十七年（甲寅）	宣公十八年（庚午）	昭公二十七年（丙戌）	
十二小　三百五十分入朔	壬戌	辛丑	庚辰	
正大　八百四十九分入朔	辛卯	庚午	己酉	
二小　四百八分入朔	辛酉	庚子	己卯	
三大　九百七分入朔	庚寅	己巳	戊申	
四大　四百六十六分入朔	庚申	己亥	戊寅	
五小　二十五分入朔	庚寅	己巳	戊申	
六大　五百二十四分入朔	己未	戊戌	丁丑	
七小　八十三分八朔	己丑	戊辰	丁未	
八大　五百八十二分入朔	戊午	丁酉	丙子	
九小　一百四十一分入朔	戊子	丁卯	丙午	
十大　六百四十分入朔	丁巳	丙申	乙亥	
十一小　一百九十九分入朔	丁亥	丙寅	乙巳	
十二大　六百九十八分入朔	丙辰	乙未	甲戌	

續表

四章九年（正月二十九日冬至）	莊公二十八年（乙卯）	成公元年（辛未）	昭公二十八年（丁亥）	
正小　二百五十七分入朔	丙戌	乙丑	甲辰	
二大　七百五十六分入朔	乙卯	甲午	癸酉	
閏小　三百一十五分入朔	乙酉	甲子	癸卯	
三大　八百一十四分入朔	甲寅	癸巳	壬申	
四小　三百七十三分入朔	甲申	癸亥	壬寅	
五大　八百七十二分入朔	癸丑	壬辰	辛未	
六小　四百三十一分入朔	癸未	壬戌	辛丑	
七大　九百三十分入朔	壬子	辛卯	庚午	
八大　四百八十九分入朔	壬午	辛酉	庚子	
九小　四十八分入朔	壬子	辛卯	庚午	
十大　五百四十七分入朔	辛巳	庚申	己亥	
十一小　一百六分入朔	辛亥	庚寅	己巳	
十二大　六百五分入朔	庚辰	己未	戊戌	

四章十年（正月初十日冬至）	莊公二十九年（丙辰）	成公二年（壬申）	昭公二十九年（戊子）	
正小　一百六十四分入朔	庚戌	己丑	戊辰	
二大　六百六十三分入朔	己卯	戊午	丁酉	
三小　二百二十二分入朔	己酉	戊子	丁卯	
四大　七百二十一分入朔	戊寅	丁巳	丙申	
五小　二百八十分入朔	戊申	丁亥	丙寅	
六大　七百七十九分入朔	丁丑	丙辰	乙未	
七小　三百三十八分入朔	丁未	丙戌	乙丑	
八大　八百三十七分入朔	丙子	乙卯	甲午	
九小　三百九十六分入朔	丙午	乙酉	甲子	
十大　八百九十五分入朔	乙亥	甲寅	癸巳	
十一大　四百五十四分入朔	乙巳	甲申	癸亥	
十二小　十三分入朔	乙亥	甲寅	癸巳	

續表

四章十一年（正月二十一日冬至）	莊公三十年（丁巳）	成公三年（癸酉）	昭公三十年（己丑）	
正大　五百一十二分入朔	甲辰	癸未	壬戌	
二小　七十一分入朔	甲戌	癸丑	壬辰	
三大　五百七十分入朔	癸卯	壬午	辛酉	
四小　一百二十九分入朔	癸酉	壬子	辛卯	
五大　六百二十八分入朔	壬寅	辛巳	庚申	
六小　一百八十七分入朔	壬申	辛亥	庚寅	
七大　六百八十六分入朔	辛丑	庚辰	己未	
八小　二百四十五分入朔	辛未	庚戌	己丑	
九大　七百四十四分入朔	庚子	己卯	戊午	
十小　三百三分入朔	庚午	己酉	戊子	
十一大　八百二分入朔	己亥	戊寅	丁巳	
閏小　三百六十一分入朔	己巳	戊申	丁亥	
十二大　八百六十分入朔	戊戌	丁丑	丙辰	

四章十二年（正月初三日冬至）	莊公三十一年（戊午）	成公四年（甲戌）	昭公三十一年（庚寅）	
正小　四百一十九分入朔	戊辰	丁未	丙戌	
二大　九百一十八分入朔	丁酉	丙子	乙卯	
三大　四百七十七分入朔	丁卯	丙午	乙酉	
四小　三十六分入朔	丁酉	丙子	乙卯	
五大　五百三十五分入朔	丙寅	乙巳	甲申	
六小　九十四分入朔	丙申	乙亥	甲寅	
七大　五百九十三分入朔	乙丑	甲辰	癸未	
八小　一百五十二分入朔	乙未	甲戌	癸丑	
九大　六百五十一分入朔	甲子	癸卯	壬午	
十小　二百一十分入朔	甲午	癸酉	壬子	
十一大　七百九分入朔	癸亥	壬寅	辛巳	
十二小　二百六十八分入朔	癸巳	壬申	辛亥	

續表

四章十三年（正月十四日冬至）	莊公三十二年（己未）	成公五年（乙亥）	昭公三十二年（辛卯）	
正大　七百六十七分八朔	壬戌	辛丑	庚辰	
二小　三百二十六分入朔	壬辰	辛未	庚戌	
三大　八百二十五分入朔	辛酉	庚子	己卯	
四小　三百八十四分入朔	辛卯	庚午	己酉	
五大　八百八十三分入朔	庚申	己亥	戊寅	
六大　四百四十二分入朔	庚寅	己巳	戊申	
七小　一分入朔	庚申	己亥	戊寅	
八大　五百分入朔	己丑	戊辰	丁未	
九小　五十九分入朔	己未	戊戌	丁丑	
十大　五百五十八分入朔	戊子	丁卯	丙午	
十一小　一百一十七分入朔	戊午	丁酉	丙子	
十二大　六百一十六分入朔	丁亥	丙寅	乙巳	

續表

四章十四年（正月二十四日冬至）	閔公元年（庚申）	成公六年（丙子）	定公元年（壬辰）	
正小　一百七十五分入朔	丁巳	丙申	乙亥	
二大　六百七十四分入朔	丙戌	乙丑	甲辰	
三小　二百三十三分入朔	丙辰	乙未	甲戌	
四大　七百三十二分入朔	乙酉	甲子	癸卯	
五小　二百九十一分入朔	乙卯	甲午	癸酉	
六大　七百九十分入朔	甲申	癸亥	壬寅	
七小　三百四十九分入朔	甲寅	癸巳	壬申	
閏大　八百四十八分入朔	癸未	壬戌	辛丑	
八小　四百七分入朔	癸丑	壬辰	辛未	
九大　九百六分入朔	壬午	辛酉	庚子	
十大　四百六十五分入朔	壬子	辛卯	庚午	
十一小　二十四分入朔	壬午	辛酉	庚子	
十二大　五百二十三分入朔	辛亥	庚寅	己巳	

續表

四章十五年（正月初五日冬至）	閔公二年（辛酉）	成公七年（丁丑）	定公二年（癸巳）	
正小　八十二分入朔	辛巳	庚申	己亥	
二大　五百八十一分入朔	庚戌	己丑	戊辰	
三小　一百四十分入朔	庚辰	己未	戊戌	
四大　六百三十九分入朔	己酉	戊子	丁卯	
五小　一百九十八分入朔	己卯	戊午	丁酉	
六大　六百九十七分入朔	戊申	丁亥	丙寅	
七小　二百五十六分入朔	戊寅	丁巳	丙申	
八大　七百五十五分入朔	丁未	丙戌	乙丑	
九小　三百一十四分入朔	丁丑	丙辰	乙未	
十大　八百一十三分入朔	丙午	乙酉	甲子	
十一小　三百七十二分入朔	丙子	乙卯	甲午	
十二大　八百七十一分入朔	乙巳	甲申	癸亥	

續表

四章十六年（正月十七日冬至）	僖公元年（壬戌）	成公八年（戊寅）	定公三年（甲午）	
正小　四百三十分入朔	乙亥	甲寅	癸巳	
二大　九百二十九分入朔	甲辰	癸未	壬戌	
三大　四百八十八分入朔	甲戌	癸丑	壬辰	
四小　四十七分入朔	甲辰	癸未	壬戌	
五大　五百四十六分入朔	癸酉	壬子	辛卯	
六小　一百五分入朔	癸卯	壬午	辛酉	
七大　六百四分入朔	壬申	辛亥	庚寅	
八小　一百六十三分入朔	壬寅	辛巳	庚申	
九大　六百六十二分入朔	辛未	庚戌	己丑	
十小　二百二十一分入朔	辛丑	庚辰	己未	
十一大　七百二十分入朔	庚午	己酉	戊子	
十二小　二百七十九分入朔	庚子	己卯	戊午	

續表

	四章十七年（正月二十八日冬至）	僖公二年（癸亥）	成公九年（己卯）	定公四年（乙未）	
正大	七百七十八分入朔	己巳	戊申	丁亥	
二小	三百三十七分入朔	己亥	戊寅	丁巳	
三大	八百三十六分入朔	戊辰	丁未	丙戌	
四小	三百九十五分入朔	戊戌	丁丑	丙辰	
閏大	八百九十四分入朔	丁卯	丙午	乙酉	
五大	四百五十三分入朔	丁酉	丙子	乙卯	
六小	一十二分入朔	丁卯	丙午	乙酉	
七大	五百一十一分入朔	丙申	乙亥	甲寅	
八小	七十分入朔	丙寅	乙巳	甲申	
九大	五百六十九分入朔	乙未	甲戌	癸丑	
十小	一百二十八分入朔	乙丑	甲辰	癸未	
十一大	六百二十七分入朔	甲午	癸酉	壬子	
十二小	一百八十六分入朔	甲子	癸卯	壬午	

續表

四章十八年（正月初九日冬至）	僖公三年（甲子）	成公十年（庚辰）	定公五年（丙申）	
正大　六百八十五分入朔	癸巳	壬申	辛亥	
二小　二百四十四分入朔	癸亥	壬寅	辛巳	
三大　七百四十三分入朔	壬辰	辛未	庚戌	
四小　三百二分入朔	壬戌	辛丑	庚辰	
五大　八百一分入朔	辛卯	庚午	己酉	
六小　三百六十分入朔	辛酉	庚子	己卯	
七大　八百五十九分入朔	庚寅	己巳	戊申	
八小　四百一十八分入朔	庚申	己亥	戊寅	
九大　九百一十七分入朔	己丑	戊辰	丁未	
十大　四百七十六分入朔	己未	戊戌	丁丑	
十一小　三十五分入朔	己丑	戊辰	丁未	
十二大　五百三十四分入朔	戊午	丁酉	丙子	

續表

四章十九年（正月十九日冬至）	僖公四年（乙丑）	成公十一年（辛巳）	定公六年（丁酉）	
正小　九十三分入朔	戊子	丁卯	丙午	
二大　五百九十二分入朔	丁巳	丙申	乙亥	
三小　一百五十一分入朔	丁亥	丙寅	乙巳	
四大　六百五十分入朔	丙辰	乙未	甲戌	
五小　二百九分入朔	丙戌	乙丑	甲辰	
六大　七百八分入朔	乙卯	甲午	癸酉	
七小　二百六十七分入朔	乙酉	甲子	癸卯	
八大　七百六十六分入朔	甲寅	癸巳	壬申	
九小　三百二十五分入朔	甲申	癸亥	壬寅	
十大　八百二十四分入朔	癸丑	壬辰	辛未	
十一小　三百八十三分入朔	癸未	壬戌	辛丑	
十二大　八百八十二分入朔	壬子	辛卯	庚午	
閏小　四百四十一分入朔	壬午	辛酉	庚子	

右一蔀七十六年，九百四十月，按法推朔以考春秋，謂之古曆，分附各公之年，週而復始，其不滿一蔀者闕之。

凡蔀末之閏月必大，今借一日於蔀首，故閏月小。

春秋長曆三

曆編

隱公元年〔一〕　己未

正月小辛巳〔二〕。

二月大庚戌。

三月小庚辰。

四月大己酉。

五月大己卯。傳辛丑，二十三日。

六月小己酉。

〔一〕「隱公元年」，原作「隱元年」，兹補「公」字，俾便覽讀。下同。

〔二〕「正月小」，原作「正小」，兹補「月」字，俾便覽讀。下同。

七月大戊寅。

八月小戊申。

九月大丁丑。

十月小丁未。傳庚申，十四日。

十一月大丙子。

十二月小丙午。

杜氏云隱元年正月辛巳朔。大衍曆：「正月辛亥朔，初十日庚申冬至。」程氏云：「自三統至欽天，推隱元年正月朔，或辛亥，或庚戌，或壬子，視大衍曆前後差一日。以傳五月辛丑、十月庚申考之，則正月朔非辛亥，故杜氏遷就以辛巳爲朔。若從辛巳，則冬至不在正月矣。意者差閏只在今年，而杜氏考之不詳也。」

按隱元年正月朔，推古曆當得庚戌，而杜氏以爲辛巳，蓋推後經傳日月而得之。辛巳，實上年十二月朔。自元年至七年，月朔皆先一月，則知隱元之前已失一閏矣。至隱七年閏後，始合於曆焉。

宋趙子常名汸所著春秋屬辭，内有「日月差謬」一條，開載杜氏長曆及唐大衍曆日月異同與合朔日食經傳不同處，頗稱詳密。今逐年録入，以備參考。

隱公二年　庚申

正月大乙亥。

二月小乙巳。

三月大甲戌。

四月小甲辰。

五月大癸酉。

六月小癸卯。

七月大壬申。

八月大壬寅。經庚辰，杜氏云：「八月無庚辰，庚辰，七月九日，日月必有誤。」

九月小壬申。

十月大辛丑。

十一月小辛未。

十二月大庚子，經乙卯，十六日。

閏月小庚午。

杜氏云閏月庚午朔。大衍曆是年閏十一月，推古曆亦同。

按此年及隱五年、隱七年，杜曆俱閏十二月，蓋據經傳日月而得之。若依曆法，則固無屢閏十二月者，則可知春秋之閏多置之年末矣。其後又不盡用此法，何也？

隱公三年　辛酉

正月大己亥。

二月小己巳。經己巳日食。

三月大戊戌。經庚戌，十三日。傳壬戌，二十五日。

四月小戊辰。經辛卯，二十四日。

五月大丁酉。

六月小丁卯。

七月大丙申。

八月小丙寅。經庚辰，十五日。

九月大乙未。

十月小乙丑。

十一月大甲午。

十二月大甲子〔一〕。經癸未，二十日。傳庚戌，杜云：「十二月無庚戌，日誤。」

經書「春，王，二月，己巳，日有食之」，杜氏云〔二〕：「不書朔，官失之。」穀梁云：「言日不言朔，食晦日也。朔日並不言，食二日也。」姜岌校春秋日食云：「是歲二月己亥朔，無己巳。三月己巳朔，去交分，入食限。」大衍與姜氏合。郭守敬授時曆云：「是歲三月己巳朔，加時在晝，去交分二十六日六千六百三十一分，入食限。」

按古曆正月得己巳朔，杜氏以隱元之前已失一閏，故先一月爲正月，則此年二月應得己巳。姜氏等所推又以己巳爲三月朔〔三〕，則春秋之前似失兩閏矣。疑之疑之。

大衍曆三月小己巳朔，經三月庚戌，在四月。四月辛卯，在五月。八月大丙申朔，經八月庚辰，在九月。十二月大甲午朔，經十二月癸未，在明年正月。此以大衍曆法推春

〔一〕「大」，原誤作「小」，據文淵閣本改。

〔二〕「杜氏云」，宜作「左氏云」。陳氏便文，不別傳注。下倣此。

〔三〕「以」字原脱，據文淵閣本補。

秋，故多未合。十二月傳庚戌，杜氏注云「日誤」者，此月有癸未，必無庚戌，庚戌在癸未之前三十三日，不得共一月。

隱公四年 壬戌

正月小甲午。

二月大癸亥。經戊申，宜在三月〔一〕。

三月小癸巳。

四月大壬戌。

五月小壬辰。

六月大辛酉。

七月小辛卯。

八月大庚申。

九月小庚寅。

〔一〕「三月」，原作「二月」，據文淵閣本改。

十月大己未。
十一月小己丑。
十二月大戊午。
經二月戊申，杜氏注云：「戊申，三月十七日，有日而無月。」
按上年十二月有癸未，則此年二月無戊申。戊申，書衛州吁事，不蒙上文「二月，莒人伐杞」，故曰「有日而無月」。孔氏云：「僖二十八年冬下有月，而經有『壬申，公朝于王所』，亦有日而無月。經如此類共有十四事。」

隱公五年 癸亥

正月小戊子。
二月大丁巳。
三月小丁亥。
四月大丙辰。
五月大丙戌。
六月小丙辰。

七月大乙酉。

八月小乙卯。

九月大甲申。

十月小甲寅。

十一月大癸未。

十二月小癸丑。經辛巳，二十九日。

閏月大壬午。

大衍曆閏八月，古曆閏七月。今從杜曆。

隱公六年 甲子

正月小壬子。

二月大辛巳。

三月小辛亥。

四月大庚辰。

五月小庚戌。經辛酉，十二日。傳庚申，十一日。

六月大己卯。
七月大己酉。
八月小己卯。
九月大戊申。
十月小戊寅。
十一月大丁未。
十二月小丁丑。

隱公七年　乙丑

正月大丙午。
二月小丙子。
三月大乙巳。
四月小乙亥。
五月大甲辰。
六月小甲戌。

七月大癸卯。傳庚申〔一〕，十八日。

八月小癸酉。

九月大壬寅。

十月小壬申。

十一月大辛丑。

十二月大辛未。傳壬申，初二日〔二〕。辛巳，十一日〔三〕。

閏月小辛丑。

大衍曆閏下年四月，古曆亦同。今從杜曆。

按杜氏以隱元之前失一閏，推勘經傳皆不合，乃借前一月辛巳爲隱元之正月朔，而後合於五月之辛丑、十月之庚申，二年十二月之乙卯，三年二月之己巳與十二月之癸未，五年十二月之辛巳，六年五月之辛酉、庚申，七年七月之庚申與十二月之壬申、辛

〔一〕「傳」，原誤作「經」，據傳文改。

〔二〕「初二」，原誤作「初三」，據文淵閣本改。

〔三〕「十一」，原誤作「十二」，據文淵閣本改。

巳，然與二年八月之庚辰，三年十二月之庚戌，四年二月之戊申又不合也，不得不諉之爲日月之誤。杜氏以爲合者多而不合者少，故從其多者，而皆先一月以就之。其不合者，又因上文脱少某月〔一〕，止載日辰之故〔二〕，則不合者又多合矣。但春秋既失一閏，則一二年間即當補正，奈何相沿八九年，誤以承誤，而使數年之冬至常在二月，而不在正月也？恐司曆者謬不至此。俟質之。

隱公八年　丙寅

正月大庚午。

二月小庚子。

三月大己巳。經庚寅，二十二日。

四月小己亥。傳甲辰，初六日。辛亥，十三日。甲寅，十六日。

五月大戊辰。

六月小戊戌。經己亥，初二日。辛亥，十四日。

〔一〕「少」，原作「所」，據文淵閣本改。

〔二〕「止」字原脱，據文淵閣本補。

七月大丁卯。經庚午，初四日。

八月小丁酉。傳丙戌，宜在七月。

九月大丙寅。經辛卯，二十六日。

十月小丙申。

十一月大乙丑。

十二月小乙未。

傳言「八月丙戌，鄭伯以齊人朝王」，杜氏云：「上有七月庚午，下有九月辛卯，則八月不得有丙戌。」孔氏云：「七月二十日是丙戌，九月二十一日是丙戌，未知丙戌孰誤也。」

大衍曆推此年閏四月，五月小己亥朔，經六月己亥、辛亥在此月。六月大戊辰朔，經七月庚午在此月。八月大丁卯朔，經九月辛卯在此月。此自以其定閏、定朔推之，故不與春秋曆相符也。下皆倣此。

隱公九年 丁卯

正月大甲子。

二月大甲午。

三月小甲子。經癸酉，初十日。庚辰，十七日。
四月大癸巳。
五月小癸亥。
六月大壬辰。
七月小壬戌。
八月大辛卯。
九月小辛酉。
十月大庚寅。
閏月小庚申。
十一月大己丑。傳甲寅，二十六日。
十二月小己未。

按古曆此年不應閏月，大衍曆亦不閏。杜氏置閏于此十月，以合于十一月之甲寅也。自此以前，皆先一月。今補一閏，則月皆從其本朔，而冬至在正月矣。

大衍曆三月小甲午朔，經癸酉、庚辰在四月。

隱公十年　戊辰

正月大戊子。傳癸丑，二十六日。

二月小戊午。

三月大丁亥。

四月小丁巳。

五月大丙戌。

六月大丙辰。經壬戌，初七日。辛未，十六日。辛巳，二十六日。傳戊申，宜在五月。庚午，十五日。庚辰，二十五日。

七月小丙戌。傳庚寅，初五日。

八月大乙卯。傳壬戌，初八日。癸亥，初九日。

九月小乙酉。傳戊寅，宜在八月。

十月大甲寅。經壬午，二十九日。

十一月小甲申。

十二月大癸丑。

傳「六月戊申，公會齊侯、鄭伯于老桃」，杜氏云：「六月無戊申，戊申，五月二十三日，日誤。」孔氏云：「六月無戊申者，下有『辛巳，取防』，亦在六月之内，戊申在辛巳前三十三日，不得共一月，上有五月，今别言六月，故知日誤月不誤。」

傳言「九月戊寅，鄭伯入宋」，杜氏云：「九月無戊寅，戊寅，八月二十四日。」孔氏云：「經有十月壬午，長曆推壬午十月二十九日，戊寅在壬午前四日耳，故九月不得有戊寅。上有八月，下有冬，則誤在日也。」

按此年爲一章之終，宜閏十二月。大衍曆閏在下年正月。杜曆不閏，而置之桓元年之末以從經傳日月，不論章法矣。通春秋一書皆然。然前後推移，終不能越乎章蔀之大概，特閏法有遷就耳。大衍曆雖與春秋不合，然其曆與章、蔀法稍近，故逐年附記之以備參考〔一〕。

隱公十一年　己巳

正月小癸未。

二月大壬子。

〔一〕「備」字原脱，據文淵閣本補。

三月小壬午。

四月大辛亥。

五月小辛巳。傳甲辰，二十四日。

六月大庚戌。

七月小庚辰。經壬午，初三日。傳庚辰〔一〕，即朔日。

八月大己酉。

九月小己卯。

十月大戊申。傳壬戌，十五日。

十一月大戊寅。經壬辰，十五日。

十二月小戊申。

大衍曆閏正月，七月大庚戌朔，十一月大戊申朔。

桓公元年　庚午

〔一〕「傳」，原誤作「經」。

正月大丁丑。

二月小丁未。

三月大丙子。

四月小丙午。經丁未，初二日。

五月大乙亥。

六月小乙巳。

七月大甲戌。

八月小甲辰。

九月大癸酉。

十月小癸卯。

十一月大壬申。

十二月小壬寅。

閏月大辛未。

杜氏曆是年及桓七年皆閏十二月，兩閏相去六年。若于中間桓四年補一閏，率則三年一閏也。説見桓五年。

大衍曆四月大丙子朔，經丁未，在五月。

桓公二年 辛未

正月大辛丑。經戊申，初八日。

二月小辛未。

三月大庚子。

四月小庚午。經戊申，宜在五月。

五月大己亥。

六月小己巳。

七月大戊戌。

八月小戊辰。

九月大丁酉。

十月小丁卯。

十一月大丙申。

十二月小丙寅。

經書「夏四月，取郜大鼎于宋。戊申，納于大廟」，杜氏云：「戊申，五月初十日。」孔氏云：「長曆此年四月庚午朔，其月無戊申。五月己亥朔，十日得戊申，是有日而無月也。」大衍曆亦同。

大衍曆推是年閏九月，古曆亦同。杜以上年既閏，故是年不閏。然則，桓四年一閏不可不補矣。

桓公三年 壬申

正月大乙未。

二月小乙丑。

三月大甲午。

四月小甲子。

五月大癸巳。

六月小癸亥。

七月大壬辰。經壬辰朔，日食。

八月小壬戌。

九月大辛卯。

十月大辛酉。

十一月小辛卯。

十二月大庚申。

經書「秋七月壬辰朔，日有食之，既」，杜氏云：「聖人不言月食日，而以自食爲文〔一〕，闕于所不見也。」姜氏以是歲七月癸亥朔，無壬辰，亦失閏。其八月壬辰朔，去交分，入食限。大衍與姜氏合。郭氏亦云：「是年八月壬辰朔，加時在晝，食六分十四秒。」

按自隱三年二月己巳日食，至此年七月壬辰朔日食，相距一百四十一月，大衍與古曆合，但前後皆後一月耳，則以曆法之不同也。據古曆，八月得壬辰朔，不與經合，今移四、五兩頻大月于日食後〔二〕，則七月得壬辰朔，與經合矣。

〔一〕「自」，原譌作「日」，據杜注改。

〔二〕「五」，原譌作「年」，據文淵閣本改。

桓公四年 癸酉

正月小庚寅。
二月大己未。
三月小己丑。
四月大戊午。
五月小戊子。
六月大丁巳。
七月小丁亥。
八月大丙辰。
九月大丙戌。
十月小丙辰。
十一月大乙酉。
十二月小乙卯。
閏月大補 甲申。補閏説見下。

桓公五年　甲戌

正月小甲寅。經甲戌、己丑。

二月大癸未。

三月小癸丑。

四月大壬午。

五月小壬子。

六月大辛巳。

七月小辛亥。

八月大庚辰。

九月小庚戌。

十月大己卯。

十一月小己酉。

十二月大戊寅。

經書「春正月，甲戌、己丑，陳侯鮑卒」〔一〕，杜氏注云：「甲戌，前年十二月二十一日。己丑，此年正月六日。陳亂，故再赴。」

據杜氏日月，以前年十二月爲甲寅朔，此年正月爲甲申朔，以其中必無閏月，閏或在上年十二月前，摠未可定。但自桓元年閏十二月〔二〕，至桓七年始復閏十二月，相去凡六年，必失一閏。若以此年正月爲甲申朔，則次年八月之壬午、九月之丁卯，七年二月之己亥皆不合，故于上年十二月補一閏，爲甲申朔，此年正月爲甲寅朔，杜曆甲寅在甲申前，此甲寅在甲申後，則兩大月有所移也。二十一日得甲戌，其己丑爲再赴之誤，不必辨，則六年、七年之月日皆合矣。似爲得之。

大衍曆推是年閏六月，推古曆亦同。今從杜曆，置桓七年末。

正月小乙卯朔，己卯日冬至。經己丑，在二月。

桓公六年　乙亥

正月大戊申。

〔一〕「侯」，原譌作「候」，據經文改。

〔二〕「自」，原譌作「是」，據文淵閣本改。

二月小戊寅。
三月大丁未。
四月小丁丑。
五月大丙午。
六月小丙子。
七月大乙巳。
八月小乙亥。經壬午，初八日。
九月大甲辰。經丁卯，二十四日。
十月小甲戌。
十一月大癸卯。
十二月小癸酉。

大衍曆八月大乙巳朔，九月小乙亥朔。

桓公七年 丙子

正月大壬寅。

二月小壬申。經己亥，二十八日。大衍曆二月大壬寅朔，經己亥，在三月。

三月大辛丑。

四月小辛未。

五月大庚子。

六月大庚午。

七月小庚子。

八月大己巳。

九月小己亥。

十月大戊辰。

十一月小戊戌。

十二月大丁卯。

閏月小丁酉。

大衍曆閏在明年三月，今從杜曆，閏此年之末。

桓公八年　丁丑

正月大丙寅。經己卯，十四日。

二月小丙申。

三月大乙丑。

四月小乙未。

五月大甲子。經丁丑，十四日。大衍曆五月小乙未朔，經丁丑，在六月。

六月小甲午。

七月大癸亥。

八月大癸巳。

九月小癸亥。

十月大壬辰。

十一月小壬戌。

十二月大辛卯。

大衍曆是年閏三月，古曆閏二月，杜曆不閏。

桓公九年　戊寅

正月小辛酉。

二月大庚寅。

三月小庚申。

四月大己丑。

五月小己未。

六月大戊子。

七月小戊午。

八月大丁亥。

九月小丁巳。

十月大丙戌。

十一月小丙辰。

十二月大乙酉。

桓公十年　己卯

正月大乙卯〔一〕。經庚申，初六日。

二月小乙酉。

三月大甲寅。

四月小甲申。

五月大癸丑。

六月小癸未。

七月大壬子。

八月小壬午。

九月大辛亥。

十月小辛巳。

十一月大庚戌。

十二月小庚辰。經丙午，二十七日。

〔一〕「乙」，原譌作「己」，據文淵閣本改。

閏月大移己酉。

大衍曆正月大乙酉朔，乙巳日冬至。經庚申，在二月。

大衍曆推是年閏十一月，古曆亦同。杜曆置閏于下年正月。今移置此年之末，庶合三年一閏之數。

桓公十一年 庚辰

正月小己卯。

二月大戊申。

三月大戊寅。

四月小戊申。

五月大丁丑。經癸未，初七日。

六月小丁未。

七月大丙子。

八月小丙午。

九月大乙亥。傳丁亥，十三日。己亥，二十五日。

十月小乙巳。
十一月大甲戌。
十二月小甲辰。

桓公十二年　辛巳

正月大癸酉。
二月小癸卯。
三月大壬申。
四月小壬寅。
五月大辛未。
六月小辛丑。經壬寅，初二日。
七月大庚午。經丁亥，十八日。
八月大庚子。經壬辰，杜氏云：「八月無壬辰，壬辰在七月二十三日。」
九月小庚午。
十月大己亥。

十一月小己巳。經丙戌，十八日。

十二月大戊戌。經丁未，初十日。

閏月小移戊辰。

杜氏曆置閏于下年正月，然于經傳日月無據，今移置此年之末。大衍曆六月大辛未朔，經壬寅在七月。七月小辛丑朔，經丁亥在八月。十一月小己亥朔，經丙戌在十月。十二月大戊辰朔，經丁未在十一月。

桓公十三年 壬午

正月大丁酉。

二月小丁卯。經己巳，初三日。

三月大丙申。

四月小丙寅。

五月大乙未。

六月小乙丑。

七月大甲午。

八月小甲子。
九月大癸巳。
十月小癸亥。
十一月大壬辰。
十二月大壬戌。
大衍曆是年有閏七月，推古曆亦同。今置上年末。

桓公十四年　癸未

正月小壬辰〔一〕。
二月大辛酉。
三月小辛卯。
四月大庚申。
五月小庚寅。

〔一〕「小」，原誤作「大」，據文淵閣本改。

六月大己未。

七月小己丑。

八月大戊午。經壬申，十五日。乙亥，十八日。

九月小戊子。

十月大丁巳。

十一月小丁亥。

十二月大丙辰。經丁巳，初二日。

明年正月初二日。

大衍曆八月大戊子朔，經壬申、乙亥，在九月。十二月大丙戌朔，經丁巳在十一月，或

桓公十五年 甲申

正月小丙戌。

二月大乙卯。

三月大乙酉。經乙未，十一日。

四月小乙卯。經己巳，十五日。

五月大甲申。
六月小甲寅。傳乙亥，二十二日。
七月大癸未。
八月小癸丑。
九月大壬午。
十月小壬子。
十一月大辛巳。
十二月小辛亥。
閏月大庚辰。
大衍曆正月丙辰朔，三月大乙卯朔，經乙未在四月。四月小乙酉朔，經己巳在五月。
杜曆閏明年六月，恐太疎。今置此年之末，亦與經傳日月無礙。

桓公十六年 乙酉

正月小庚戌。
二月大己卯。

三月小己酉。
四月大戊寅。
五月小戊申。
六月大丁丑。
七月大丁未。
八月小丁丑。
九月大丙午。
十月小丙子。
十一月大乙巳。
十二月小乙亥。
大衍曆是年置閏四月，古曆亦同，今置上年末。

桓公十七年　丙戌

正月大甲辰。經丙辰，十三日。
二月小甲戌。經丙午，宜在三月。

三月大癸卯。

四月小癸酉。

五月大壬寅。經丙午，初五日。

六月小壬申。經丁丑，初六日。

七月大辛丑。

八月小辛未。經癸巳，二十三日。

九月大庚子。

十月大庚午。經朔日食，書朔不書日。傳辛卯，二十二日。

十一月小庚子。

十二月大己巳。

經書「二月丙午，公會邾儀父盟于趡」〔一〕，杜氏云：「二月無丙午，丙午，三月四日也，日月必有誤。」蓋據五月有丙午、六月有丁丑，則丙午不在二月，而在三月可知。或子譌午，則丙子，即初三日也。

〔一〕「趡」，原誤作「進」，據經文改。

經書「冬十月朔，日有食之」，左氏云：「不書日，官失之也。」大衍曆推得十一月庚午朔日食，失閏也。郭氏云：「是年十一月不言日，加時在晝，交分二十六日八千五百六十分，入食限。」

按白桓三年七月壬辰朔日食，至此年十月庚午日食，推古曆相距一百七十六月，大衍亦同。杜曆少一月，則知前桓四年一閏不可不補也。

大衍曆正月小乙亥朔，壬午日冬至，經丙辰在二月。五月小癸酉朔，經丙午在六月。六月大壬寅朔，經丁丑在七月。八月大辛丑朔，經癸巳在九月。十月大庚子朔。十一月小庚午朔，日食。

桓公十八年　丁亥

正月小己亥。

二月大戊辰。

三月小戊戌。

四月大丁卯。經丙子，初十日。丁酉，入五月朔。

五月小丁酉。

六月大丙寅。

七月小丙申。傳戊戌，初三日。

八月大乙丑。

九月小乙未。

十月大甲子。

十一月小甲午。

十二月大癸亥。經己丑，二十七日。

經書「夏四月丙子，公薨于齊。丁酉，公之喪至自齊。」杜氏云：「丁酉，五月一日，有日而無月，不蒙上『夏四月』之文。」大衍曆四月大丁酉朔，經丙子，在五月。丁酉，在六月。十二月大癸巳朔，經己丑，在十一月。

按古曆章法，此年當閏十二月，杜曆閏明年十月。

莊公元年　戊子

正月小癸巳〔一〕。

二月大壬戌。

三月大壬辰〔二〕。

四月小壬戌。

五月大辛卯。

六月小辛酉。

七月大庚寅。

八月小庚申。

九月大己丑。

十月小己未。經乙亥，十七日。

閏月大戊子。大衍曆閏正月，今從杜曆。

〔一〕「小」，原訛作「大」，據文淵閣本改。

〔二〕「大」，原訛作「小」，據文淵閣本改。

十一月小戊午。
十二月大丁亥。

莊公二年 己丑

正月小丁巳。
二月大丙戌。
三月小丙辰。
四月大乙酉。
五月小乙卯。
六月大甲申。
七月大甲寅。
八月小甲申。
九月大癸丑。
十月小癸未。
十一月大壬子。

十二月小壬午。經乙酉，初四日。

大衍曆十二月大壬子朔，經乙酉在十一月。

莊公三年　庚寅

正月大辛亥。

二月小辛巳。

三月大庚戌。

四月小庚辰。

五月大己酉。

六月小己卯。

七月大戊申。

八月小戊寅。

九月大丁未。

十月大丁丑。

十一月小丁未。

十二月大丙子。

大衍曆是年閏九月，古曆亦同，杜曆閏明年四月。

莊公四年 辛卯

正月小丙午。

二月大乙亥。

三月小乙巳。

四月大甲戌。

閏月小甲辰。

五月大癸酉。

六月小癸卯。經乙丑，二十三日。

七月大壬申。

八月小壬寅。

九月大辛未。

十月小辛丑。

十一月大庚午。

十二月小庚子。

大衍曆六月大癸酉朔，經乙丑，在七月

莊公五年　壬辰

正月大己巳。

二月大己亥。

三月小己巳。

四月大戊戌。

五月小戊辰。

六月大丁酉。

七月小丁卯。

八月大丙申。

九月小丙寅。

十月大乙未。

十一月小乙丑。

十二月大甲午。

莊公六年　癸巳

正月小甲子。

二月大癸巳。

三月小癸亥。

四月大壬辰。

五月大壬戌。

六月小壬辰。

七月大辛酉。

八月小辛卯。

九月大庚申。

十月小庚寅。

十一月大己未。

十二月小己丑。

大衍曆推是年閏五月，古曆亦當閏六月。杜曆置此閏于明年四月，以合于前四月之辛卯，似矣，然去莊四年之四月閏，凡三十六月。其後莊九年八月閏，相去僅二十八月；莊十一年三月閏，相去僅十八月；莊十四年五月閏，相去又三十八月；莊十七年六月閏，相去又三十七月。此十四年間凡五閏〔一〕，皆疎密無定準，惟推勘經傳日月之上下而置之。若按三十二月一閏之例改易分齊，或遇閏之年，則置之年末，則與經傳日月皆不合。今姑從杜曆，以俟考曆者訂焉〔二〕。

莊公七年　甲午

正月大戊午。

二月小戊子。

三月大丁巳。

〔一〕「間」，原作「閏」，據文淵閣本改。

〔二〕「俟」，原作「候」，據文淵閣本改。

四月小丁亥。經辛卯，初五日。

閏月大丙辰。

五月小丙戌。

六月大乙卯。

七月小乙酉。

八月大甲寅。

九月大甲申。

十月小甲寅。

十一月大癸未。

十二月小癸丑。

莊公八年　乙未

正月大壬午。經甲午，十三日。

二月小壬子。

三月大辛巳。

四月小辛亥。
五月大庚辰。
六月小庚戌。
七月大己卯。
八月小己酉。
九月大戊寅。
十月小戊申。
十一月大丁丑。經癸未，初七日。
十二月小丁未。

大衍曆推是年正月大壬子朔，己巳日冬至。經甲午，在二月。十一月小戊申朔，經癸未在十二月。

自莊二年至莊八年，當有三閏，今止二閏，必失一閏矣〔一〕。然補之，則前後閏俱移，又不可。

〔一〕「一」字原脱，據文淵閣本補。

莊公九年　丙申

正月大丙子。

二月大丙午。

三月小丙子。

四月大乙巳。

五月小乙亥。

六月大甲辰。

七月小甲戌。經丁酉，二十四日。

八月大癸卯。經庚申，十八日。

閏月小癸酉。大衍曆是年閏三月，推古曆閏二月。今杜曆閏八月。

九月大壬寅。

十月小壬申。

十一月大辛丑。

十二月小辛未。

莊公十年 丁酉

正月大庚子。
二月小庚午。
三月大己亥。
四月大己巳。
五月小己亥。
六月大戊辰。
七月小戊戌。
八月大丁卯。
九月小丁酉。
十月大丙寅。
十一月小丙申。
十二月大乙丑。

莊公十一年　戊戌

正月小乙未。

二月大甲子。

三月小甲午。

閏月大癸亥。大衍曆是年閏十一月，推古曆亦同。今杜曆閏三月。

四月小癸巳。

五月大壬戌。經戊寅，十七日。

六月小壬辰。

七月大辛酉。

八月大辛卯。

九月小辛酉。

十月大庚寅。

十一月小庚申。

十二月大己丑。

莊公十二年　己亥

正月小己未。

二月大戊子。

三月小戊午。

四月大丁亥。

五月小丁巳。

六月大丙戌。

七月小丙辰。

八月大乙酉。經甲午，初十日。

九月小乙卯。

十月大甲申。

十一月大甲寅。

十二月小甲申。

大衍曆是年八月小丙辰朔，經甲午，在九月。

莊公十三年　庚子

正月大癸丑。
二月小癸未。
三月大壬子。
四月小壬午。
五月大辛亥。
六月小辛巳。
七月大庚戌。
八月小庚辰。
九月大己酉。
十月小己卯。
十一月大戊申。
十二月小戊寅。

莊公十四年　辛丑

正月大丁未。

二月小丁丑。

三月大丙午。

四月大丙子。

五月小丙午。

閏月大乙亥。大衍曆閏八月，推古曆，閏七月。今從杜曆，閏五月。

六月小乙巳。經甲子，二十日。

七月大甲戌。

八月小甲辰。

九月大癸酉。

十月小癸卯。

十一月大壬申。

十二月小壬寅。

莊公十五年　壬寅

正月大辛未。
二月小辛丑。
三月大庚午。
四月小庚子。
五月大己巳。
六月小己亥。
七月大戊辰。
八月大戊戌。
九月小戊辰。
十月大丁酉。
十一月小丁卯。
十二月大丙申。

莊之年，史臣紀事多不載甲子。

莊公十六年 癸卯

正月小丙寅。

二月大乙未。

三月小乙丑。

四月大甲午。

五月小甲子。

六月大癸巳。

七月小癸亥。

八月大壬辰。

九月小壬戌。

十月大辛卯。

十一月大辛酉。

十二月小辛卯。

莊公十七年　甲辰

正月大庚申。

二月小庚寅。

三月大己未。

四月小己丑。

五月大戊午。

六月小戊子。

閏月大丁巳。大衍曆閏四月，古曆亦同。今從杜曆，閏六月。

七月小丁亥。

八月大丙辰。

九月小丙戌。

十月大乙卯。

十一月小乙酉。

十二月大甲寅。

莊公十八年　乙巳

正月小甲申。

二月大癸丑。

三月大癸未。經日食。

四月小癸丑。

五月大壬午。

六月小壬子。

七月大辛巳。

八月小辛亥。

九月大庚辰。

十月小庚戌。

十一月大己卯。

十二月小己酉。

經書「春，王三月，日有食之」，不言日不言朔，杜氏曰：「官失之。」穀梁云：「夜食也。」

宋劉孝孫云：「三月不應食，五月壬子朔，入食限。」大衍曆推五月朔交分入食限，三月不應食。郭氏云：「三月不入食限，五月壬子朔，加時在晝，交分入食限。蓋誤五爲三。」

今按推曆者皆云壬子食，而長曆六月始得壬子朔，即云失閏，亦不至相距甚遠如此。郭氏云「誤五爲三」，然「三」「五」近似，而「春」「夏」不得誤也〔一〕。經明書春三月，則非夏五月可知，此日食闕疑可耳。

宋沈括云：「春秋日食三十六，曆家推驗，精者不過得二十六，衞朴得三十五，獨莊十八年三月，古今算不入食限。」閻百詩云：「是年乙巳歲二月有閏，三月癸未朔未初初刻合食限。衞朴云不入食限者，不知何説也。」

按三十六食，衞氏得三十五，其中比月而食者二〔二〕，衞氏何以得之？恐涉附會。閻氏云癸未朔日食，與今杜曆恰合，甚奇，然不知用何曆法推得之也。

莊公十九年　丙午

正月大戊寅。

〔一〕「夏」，原譌作「秋」，據文淵閣本改。
〔二〕「比」，原譌作「此」，據文淵閣本改。

二月小戊申。

三月大丁丑。

四月小丁未。

五月大丙子。

六月大丙午。傳庚申，十五日。

七月小丙子。

八月大乙巳。

九月小乙亥。

十月大甲辰。

十一月小甲戌。

十二月大癸卯。

推古曆，是年閏十二月。大衍曆閏明年正月，杜曆不閏。

春秋長曆四

曆編

莊公二十年 丁未

正月小癸酉。

二月大壬寅。

三月小壬申。

四月大辛丑。

五月小辛未。

六月大庚子。

七月小庚午。

八月大己亥。

九月小己巳。

十月大戊戌。

十一月大戊辰。

十二月小戊戌。

閏月大補丁卯。

按杜氏曆自莊十七年閏六月，至莊二十四年始閏七月，凡相去八十五月，不應閏法疎闊如此。今推勘上下日月，其十九年六月内有庚申，是，已而下年之五月則無辛酉，七月則無戊辰，至二十二年月日皆不合，以是知年前失一閏也。意杜曆傳本失之。今于此年補一閏，則皆合矣。

莊公二十一年 戊申

正月小丁酉。

二月大丙寅。

三月小丙申。

四月大乙丑。

五月小乙未。經辛酉，二十七日。

六月大甲子。

七月小甲午。經戊戌，初五日。

八月大癸亥。

九月小癸巳。

十月大壬戌。

十一月小壬辰。

十二月大辛酉。

莊公二十二年　己酉〔一〕

正月小辛卯。經癸丑，二十三日。

二月大庚申。

三月大庚寅。

〔一〕「己」，原訛作「乙」，據文淵閣本改。

四月小庚申。
五月大己丑。
六月小己未。
七月大戊子。經丙申，初九日。大衍曆七月大戊午朔，經丙申在八月。
八月小戊午。
九月大丁亥。
十月小丁巳。
十一月大丙戌。
十二月小丙辰。
大衍曆是年置閏十月，古曆閏九月。今置下年末。

莊公二十三年 庚戌

正月大乙酉。
二月小乙卯。
三月大甲申。

四月小甲寅。

五月大癸未。

六月大癸丑。傳壬申，二十日。壬申，見文十七年傳，注云二十四日，誤。

七月小癸未。

八月大壬子。

九月小壬午。

十月大辛亥。

十一月小辛巳。

十二月大庚戌。經甲寅，初五日。

閏月小移庚辰。杜曆閏下年七月，今移至此，以均前後。

莊公二十四年　辛亥

正月大己酉。

二月小己卯。

三月大戊申。

四月小戊寅。

五月大丁未。

六月小丁丑。

七月大丙午。

八月小丙子。經丁丑，初二日。戊寅，初三日。

九月大乙巳。

十月大乙亥。

十一月小乙巳。

十二月大甲戌。

杜氏曆閏在此年七月，今置上年末。

莊公二十五年　壬子

正月小甲辰。

二月大癸酉。傳壬戌，見文十七年傳，注云「莊二十五年三月二十日」，則三月癸卯朔也。

三月小癸卯。

四月大壬申。

五月小壬寅。經癸丑，十二日。

六月大辛未。經辛未朔，日食。

七月小辛丑。

八月大庚午。

九月小庚子。

十月大己巳。

十一月小己亥。

十二月大戊辰。

經書「六月辛未朔，日有食之」，杜氏云：「長曆推之，辛未實七月朔，置閏失所，故致月錯。」孔氏云：「案二十四年八月丁丑，夫人姜氏入，從彼推之，則六月辛未朔，非有差錯。杜云置閏失所者，以二十四年八月以前誤置一閏，非是八月以來始錯也。」

按上年八月丁丑，及此年五月癸丑，皆非錯，而次年十二月癸亥朔亦非錯，則辛未實六月朔，何以言實七月朔也？

唐大衍曆七月辛未朔，交分入食限。郭氏亦云：「是年七月辛未朔，加時在晝，交分二十七日四百八十九，入食限，失閏也。」

按此二曆皆云七月日食，與杜曆所推略同，然自以其曆推春秋，非春秋當日之本曆也。

又按，自桓十七年十月庚午朔日食，至此年六月辛未朔日食，推古曆相距三百一十七月，大衍亦然。但前後俱後一月，而杜曆三百一十六月，實少一月，則知莊二十年一閏不可不補也。杜不知差一閏，而以六月爲七月，誤矣。且又何以合於次年十二月癸亥朔日食也？此注應削去，以免後日之疑。

大衍曆正月小甲戌朔，戊戌日冬至。五月大壬申朔，六月小壬寅朔，經五月癸丑在此月。

莊公二十六年　癸丑

正月大戊戌。

二月小戊辰。

三月大丁酉。

四月小丁卯。

五月大丙申。

六月小丙寅。

七月大乙未。

八月小乙丑。

九月大甲午。

十月小甲子。

十一月大癸巳。

十二月小癸亥。經癸亥朔，日食。

閏月大移〔一〕壬辰。

經書「十二月癸亥朔，日有食之」，大衍曆同。郭氏亦云：「是年十二月癸亥朔，加時在晝，交分十四日三千五百五十一分，入食限。」大衍曆于莊二十五年閏六月，古曆亦同。今杜曆于莊二十四年置一閏，直至二十八

〔一〕原本無「移」字，陳氏移杜曆二十八年閏三月於此，故依其例補「移」字。

年三月始復閏，不太疎乎？今移置此年末，説見後。

按自前年六月辛未朔日食，至此年十二月日食，相距十八月，古曆與大衍皆合。又以此年日食，下距莊三十年九月庚午朔日食，大衍亦同，而古曆相距四十九月，大衍曆相距四十七月，實差兩月。下距僖五年九月戊申朔日食，亦差兩月，未詳何故？想由月朔参差故也。又以此年日食，下距僖十二年三月庚午日食，大衍二百四十月，古曆亦同，而杜曆亦同，則又皆合矣。此不可解之甚者。

莊公二十七年　甲寅

正月小壬戌。

二月大辛卯。

三月小辛酉。

四月大庚寅。

五月大庚申。

六月小庚寅。

七月大己未。

八月小己丑。

九月大戊午。

十月小戊子。

十一月大丁巳。

十二月小丁亥。

莊公二十八年　乙卯

正月大丙辰。

二月小丙戌。

三月大乙卯。經甲寅，日誤。

四月小乙酉。經丁未，二十三日。

五月大甲寅。

六月小甲申。

七月大癸丑。

八月小癸未。

九月大壬子。

十月大壬午。

十一月小壬子。

十二月大辛巳。

大衍曆是年閏二月小丙戌朔，經三月甲寅，在此月二十九日。三月大乙卯朔，經四月丁未，在此月二十三日。推古曆，亦當閏二月，按曆法也〔一〕。

按杜曆，是年閏三月，蓋欲合于前月之甲寅、後月之丁未，其法是矣。然距莊二十四年七月閏，則太疎；距後莊三十年二月閏，則太密；似未合古法。若以甲寅日爲干支之誤，姑闕所疑，則移此閏于莊二十六年之末，並移後閏于莊二十九年之末，庶兩閏均停合于三年一閏之例，而其中又無日月乖錯之患也。況經傳之日，杜駁甚多，何獨拘此一月乎？

又按杜曆，自此年至僖五年，置閏者六，皆疎密不等。如此年之閏三月，去前閏四十五月。莊三十年之二月閏，去前閏二十四月。莊三十二年之三月閏，去前閏二十六

〔一〕「按曆法也」四字，語意未完，似是羨文。

月。閔二年之五月閏，去前閏二十七月。僖元年之十一月閏，去前閏十九月。僖五年之十二月閏，又去前閏四十九月。皆不計疎密，惟推勘經傳日月而得之。然其中無日月者甚多，不知以何爲據？若欲盡按曆法以正之，則經傳之干支率多不合。故今即其可正者稍移置之，其餘率仍其舊，以俟參考。

又按杜曆，置閏惟推勘經傳上下干支，故疎密不等，不復依曆法。竊以曆法頒自天子，掌之太史，必有一定之法，相傳已久，豈容任意疎密？後之人當據曆以考經，不必泥經而紊曆也。且推勘經傳上下文，必合前後日食以推之，始爲精密。至于日之干支，傳寫千餘年，不無一字偶差。而左氏採各國所紀，或兼用夏周二正，惟日食乃魯史所載，聖人據之直書，而上推朔食者可以考訂曆法譌謬。

莊公二十九年 丙辰

正月小辛亥。

二月大庚辰。

三月小庚戌。

四月大己卯。

五月小己酉。

六月大戊寅。

七月小戊申。

八月大丁丑。

九月小丁未。

十月大丙子。

十一月小丙午。

十二月大乙亥。

閏月大移乙巳〔一〕。今杜曆閏在明年二月，今移置此。説見上。

莊公三十年 丁巳

正月小乙亥。

二月大甲辰。

〔一〕「大」，原誤作「小」，據文淵閣本改。

三月小甲戌。

四月大癸卯。傳丙辰，十四日。

五月小癸酉。

六月大壬寅。

七月小壬申。

八月大辛丑。經癸亥，二十三日。大衍曆八月大辛未朔，經癸亥在九月。

九月小辛未。經庚午朔，日食。

十月大庚子。

十一月小庚午。

十二月大己亥。

經書「九月庚午朔，日有食之」，大衍、授時二曆皆云「十月庚午朔，日食」，非九月也。設從隱元年退一月筭之，則九月庚午朔日食，與經合。且上合於隱三年之二月己巳，桓三年之七月壬辰，下合於僖五年之九月戊申、僖十二年之三月庚午。所不合者，莊二十五年之六月辛未、二十六年之十二月癸亥，其他日辰不合者亦甚多，故不能曲變其法以就之也。

大衍曆推是年閏十一月，古曆亦同。杜曆閏二月，今移置上年末。説見莊二十八年。

莊公三十一年　戊午

正月小己巳。

二月大戊戌。

三月小戊辰。

四月大丁酉。

五月大丁卯。

六月小丁酉。

七月大丙寅。

八月小丙申。

九月大乙丑。

十月小乙未。

十一月大甲子。

十二月小甲午。

閏月大移〔一〕癸亥。杜曆閏在明年三月，今移置此以均前後。

莊公三十二年　己未

正月小癸巳。

二月大壬戌。

三月小壬辰。

四月大辛酉。

五月小辛卯。

六月大庚申。

七月大庚寅。經癸巳，初四日。大衍曆七月大庚申朔，經癸巳在八月。

八月小庚申。經癸亥，初四日。大衍曆八月小庚寅朔，經癸亥在九月。

九月大己丑。

〔一〕「移」，原作「補」，據文淵閣本改。

十月小己未。經己未，即朔日。大衍曆十月小己丑朔，經己未，在十一月。

十一月大戊子。

十二月小戊午。

杜氏曆是年閏三月，今移置上年末。

閔公元年　庚申

正月大丁亥。

二月小丁巳。

三月大丙戌。

四月小丙辰。

五月大乙酉。

六月小乙卯。經辛酉，初七日。大衍曆六月大乙酉朔，經辛酉在七月。

七月大甲申。

八月小甲寅。

九月大癸未。

十月小癸丑。
十一月大壬午。
十二月大壬子。
大衍曆于是年閏八月，古曆閏七月。杜閏下年五月。

閔公二年　辛酉

正月小壬午。
二月大辛亥。
三月小辛巳。
四月大庚戌。
五月小庚辰。經乙酉，初六日。
閏月大己酉。
六月小己卯。
七月大戊申。
八月小戊寅。經辛丑，二十四日。大衍曆八月大戊申朔，經辛丑在九月。

九月大丁未。

十月小丁丑。

十一月大丙午。

十二月小丙子。

僖公元年　壬戌

正月大乙巳。

二月小乙亥。

三月大甲辰。

四月大甲戌。

五月小甲辰。

六月大癸酉。

七月小癸卯。經戊辰，二十六日。大衍曆七月小癸酉朔，經戊辰在八月。

八月大壬申。

九月小壬寅。

十月大辛未。經壬午，十二日。大衍曆十月大辛丑朔，經壬午在十一月。

十一月小辛丑。

閏月大庚午。

十二月小庚子。經丁巳，十八日。

按杜曆于閔二年閏五月，此年又閏十一月，相距僅十八月。至僖五年始閏十二月，相距又四十九月。一太密，一太疎，若稍移置之，則與經傳日月不合矣。

僖公二年 癸亥

正月大己巳。

二月小己亥。

三月大戊辰。

四月小戊戌。

五月大丁卯。經辛巳，十五日。

六月大丁酉。

七月小丁卯。

八月大丙申。

九月小丙寅。

十月大乙未。

十一月小乙丑。

十二月大甲午。

大衍曆推是年閏五月，古曆閏四月。杜曆不閏。

僖公三年　甲子

正月小甲子。

二月大癸巳。

三月小癸亥。

四月大壬辰。

五月小壬戌。

六月大辛卯。

七月小辛酉。

八月大庚寅。
九月小庚申。
十月大己丑。
十一月大己未。
十二月小己丑。

僖公四年　乙丑

正月大戊午。
二月小戊子。
三月大丁巳。
四月小丁亥。
五月大丙辰。
六月小丙戌。
七月大乙卯。
八月小乙酉。

九月大甲寅。

十月小甲申。

十一月大癸丑。

十二月小癸未。

閏月大移壬子。傳戊申，二十六日。古曆閏十二月，杜曆閏明年十二月，今移此。

月大壬午〔一〕。

按古曆法以明年僖五年正月朔旦冬至爲曆元，則此年之十二月爲一蔀之終，餘分俱盡，當爲閏月。今杜曆不閏，而反閏于五年之十二月，則不論章蔀之法矣。其距七年之閏又甚近，相去僅二十二月，殊爲兩失。今應移置此年之末也。但自隱元年推算至此，尚有壬午朔一月未盡，而傳稱明年僖五年日南至，爲正月辛亥朔，非壬午朔，則知僖四年之前必失一閏，而今不知應補于何年也。若從隱元年退一月以推之，則此年之十二月得壬午，明年正月得辛亥矣。然經傳之日月及日食不合于杜曆者甚多，又不可爲之强解，不知杜氏長曆如何推去？奈何並無疑詞也。今姑虚存壬午一月于此，以俟知

〔一〕「大」，文淵閣本同，據大小月例，宜作「小」。

曆者補之。

其退一月曆譜，以隱元年正月爲庚辰朔，依次推之，至僖四年則十二月得壬午，正月得辛亥矣。其中亦有與經傳適合者，然恐不合于杜氏長曆。今别存後，以備參考。

僖公五年　丙寅

正月大辛亥。傳辛亥朔，日南至。

二月大辛巳。

三月小辛亥。

四月大庚辰。

五月小庚戌。

六月大己卯。

七月小己酉。

八月大戊寅。

九月小戊申。經戊申朔，日食。

十月大丁丑。

十一月小丁未。

十二月大丙子。傳丙子朔。

傳言「正月辛亥朔，日南至」，杜氏云：「朔旦冬至，曆數之所始。」孔氏曰：「曆之上元，其年十一月朔旦冬至，至十九年閏月盡，復得十一月朔旦冬至，是爲一章。」周以建子爲正月，故正月朔旦冬至也。又曰：「冬至者，十一月之中氣；中氣者，月半之氣也。月朔而已得中氣，是必前月有閏。閏後則中氣在朔，是年前閏十二月十六日，已得此年正月大雪節，故此正月朔得冬至也。而杜長曆僖元年閏十一月，至此年閏十二月。夫閏之相去，曆家大率三十二月耳。杜于此閏凡相去五十月，蓋推勘春秋日月，上下置閏，或稀或概，以準春秋時法，不與常曆同。

按漢書律曆志據此僖五年正月朔旦冬至，以爲一蔀之章首。故考春秋曆者皆緣此溯前推後，以知春秋二百四十二年之曆。然即此僖五年之兩朔已不可解矣。是年正月辛亥朔，九月戊申朔，一見傳，一見經，皆書魯事，非有差也。然以月法大小相間之數推之，則正月朔得辛亥，九月朔必得丁未，而非戊申；九月朔得戊申，則正月朔必壬子，而非辛亥。若正月、二月頻大，三月復得辛亥，則合。或此兩朔之間有一月頻大者，亦合。

然章首之年，必無頻月而大者，不知杜編長曆何以于此並無疑詞也？因思古曆家最忌蔀首正月小，唐人猶有此説，故借前蔀末閏月大之三十日入正月朔日，則蔀首正月大。是以至朔分齊之末日[一]，爲蔀首至朔之始日也。依次推之，則僖五年之朔始合。終春秋之世，經傳朔日合者共二十有餘，稍不致紊。然其不合者亦多，差或一二日，疑是閏法乖次之故耳。

大衍曆正月小癸未朔，二十九日辛亥冬至；閏正月大壬子朔。

又按先儒皆以此月爲朔旦冬至，謂初一日夜半子初冬至也。然傳亦無明文，止言「南至」，或是朔冬至，而非朔旦耳。大衍曆推春秋，亦未以辛亥爲朔旦也[二]。經「九月戊申朔，日有食之」，大衍、授時二曆俱略去此日食，未詳何説？杜氏曆此年閏十二月，又于僖七年十一月置一閏，以合于傳。又推九年日月不合[三]，乃于八年十一月又置一閏。是四年之間，前後已三閏也，有是曆乎？夫僖七年之閏見于

〔一〕「日」字，原誤作「月」，據文淵閣本改。
〔二〕「未」，原作「或」，據文淵閣本改。
〔三〕「月」，原作「有」，據文淵閣本改。

傳文，不可易也。明年復閏，以强合于日月，則過矣。莫若並去前後兩閏，止存七年傳文一閏，而上下經傳日月亦無不合。其僖五年以前置閏太疎〔一〕，亦宜按章法移之也。

僖公六年 丁卯

正月小丙午。
二月大乙亥。
三月小乙巳。
四月大甲戌。
五月大甲辰。
六月小甲戌。
七月大癸卯。
八月小癸酉。
九月大壬寅。

〔一〕「置」，原作「豈」，據文淵閣本改。

十月小壬申。

十一月大辛丑。

十二月小辛未。

僖公七年 戊辰

正月大庚子。

二月小庚午。

三月大己亥。

四月小己巳。

五月大戊戌。

六月小戊辰。

七月大丁酉。

八月小丁卯。

九月大丙申。

十月大丙寅〔一〕。

十一月小丙申。

十二月大乙丑。

閏月小乙未。傳閏月。

傳云「閏月，惠王崩」，在年末，上文無月。杜曆置閏于十一月，今置十二月後。

按閏月之見經傳者十，而多在年末。惟文元年閏三月、昭二十年閏八月，其餘八閏皆在年末。成十七年、襄九年、昭二十二年閏十二月，傳有明文。其僖七年及文六年、哀五年、哀十五年、二十四年，或繫閏于冬後，或雖不繫冬，而下文亦無日月，疑亦閏十二月也。竊意春秋時拘三年一閏之例，閏則置之年末。其或有差，則又補一閏于中，以合一章七閏之法。故秦漢時閏皆在後九月。至太初改曆，始正之。蓋此法自春秋時已然，但不知始于何王之年也。

〔一〕「大」，原作「小」，據文淵閣本改。

僖公八年　己巳

正月大甲子。
二月小甲午。
三月大癸亥。
四月小癸巳。
五月大壬戌。
六月小壬辰。
七月大辛酉。
八月小辛卯。
九月大庚申。
十月小庚寅。
十一月大己未。
十二月小己丑。經丁未，十九日。

杜氏曆是年閏十一月，今去之。説見上僖五年。

僖公九年　庚午

正月小己未。

二月大戊子。

三月小戊午。經丁丑，二十日。

四月大丁亥。下二大月移于此。

五月大丁巳。

六月小丁亥。

七月大丙辰。經乙酉，三十日。杜曆以乙酉在八月朱，去上年兩閏也。

八月小丙戌。

九月大乙卯。經甲子，初十日。戊辰，十四日。

十月小乙酉。

十一月大甲寅。

十二月小甲申。

杜氏云：「九月甲子，十一日。戊辰，十五日。錯書甲子在戊辰後。」

按去上年兩閏，則九月乙卯朔，甲子，初十日。戊辰，十四日。

僖公十年 辛未

正月大癸丑。
二月小癸未。
三月大壬子。
四月小壬午。
五月大辛亥。
六月小辛巳。
七月大庚戌。
八月小庚辰。
九月大己酉。
十月小己卯。
十一月大戊申。
十二月小戊寅。

閏月大丁未〔一〕。大衍曆閏六月，古曆亦同。今置年末。

僖公十一年 壬申

正月小丁丑。

二月大丙午。

三月小丙子。

四月大乙巳。

五月小乙亥。

六月大甲辰。

七月小甲戌。

八月大癸卯。

九月大癸酉。

十月小癸卯。

〔一〕「大」下原有「補」字，據文淵閣本删。

十一月大壬申。

十二月小壬寅。

僖公十二年 癸酉

正月大辛未。

二月小辛丑。

三月大庚午。經庚午，日食。

四月小庚子。

五月大己巳。

六月小己亥。

七月大戊辰。

八月小戊戌。

九月大丁卯。

十月小丁酉。

十一月大丙寅。

十二月大丙申，經丁丑，杜氏云：「丁丑在十二月十二日。」

閏月小丙寅。

經書「三月庚午，日有食之」，杜氏云：「不書朔，官失之。」姜氏云：「三月朔，交不應食。此係誤。其五月庚午朔，去交分，入食限。」大衍曆同。郭氏亦云：「五月庚午朔，加時在晝，去交分二十六日五千一百九十二，入食限。蓋五誤爲三。」

按三月得庚午朔，與經合，而姜氏諸人所推，皆云日食在五月，必其閏法不與春秋同也。又按僖五年九月戊申朔日食，至此年三月庚午日食，大衍相距八十月，杜曆相距八十二月，實多兩月。今去僖五年末之一閏，又置此年二月之閏於年末，則前後兩日食皆合，與大衍同。然大衍又云「日食在五月」，郭氏又云「誤五爲三」，則三月之日食，或在五月初二日。蓋五月己巳朔，二日得庚午，故不書朔也〔一〕。大衍曆是年無閏，杜曆閏二月。今置年末。

〔一〕自「故不書朔也」起，盡僖十三年末「今在上年末」，原脱，據文淵閣本補。

僖公十三年　甲戌

正月大乙未。
二月小乙丑。
三月大甲午。
四月小甲子。
五月大癸巳。
六月小癸亥。
七月大壬辰。
八月小壬戌。
九月大辛卯。
十月小辛酉。
十一月大庚寅。
十二月小庚申。

大衍曆閏二月，今在上年末。

僖公十四年 乙亥

正月大己丑。

二月小己未。

三月大戊子。

四月大戊午〔一〕。

五月小戊子。

六月大丁巳。

七月小丁亥。

八月大丙辰。經辛卯，大衍曆八月小丁巳朔，經辛卯，在九月。

九月小丙戌。

十月大乙卯。

十一月小乙酉。

十二月大甲寅。下二月大移于此。

〔一〕「大」，原作「小」，據文淵閣本改。

閏月大補[一]甲申。

按杜曆自僖十二年閏二月，至僖十七年始閏十二月，相距七十一月，似太疎。今補一閏于中，在此年之末，而前後兩日食皆合，則杜本或有所遺也。

僖公十五年　丙子

正月小甲寅。

二月大癸未。

三月小癸丑。

四月大壬午。

五月大壬子。經五月日食。

六月小壬午。

七月大辛亥。

八月小辛巳。

[一]「補」字原脱，據文淵閣本補。

九月大庚戌。經己卯晦。傳壬戌，十三日。

十月小庚辰。

十一月大己酉。經壬戌，十四日。傳丁丑，二十九日。

十二月小己卯。

經書「夏五月，日有食之」，左氏云：「不書朔，不書日，官失之也。」大衍曆推四月癸丑朔，去交分，入食限。郭氏亦云：「是年四月癸丑朔，去交分一日一千三百一十六，入食限。」按五月壬子朔，初二日得癸丑，蓋食二日也，故不書朔不書日。推曆者皆云在四月，則閏有所遺耳。

大衍曆四月大癸丑朔日食，九月小辛巳朔；經己卯晦，在十月；閏十月庚辰朔。推古曆亦當閏十一月。杜曆無閏。

僖公十六年　丁丑

正月小戊申。經，戊申朔。

二月大丁丑〔一〕。

三月小丁未。經壬申，二十六日。

四月大丙子。經丙申，二十一日。

五月小丙午。

六月大乙亥。

七月小乙巳。經甲子，二十日。

八月大甲戌。

九月小甲辰。

十月大癸酉。

十一月大癸卯。傳乙卯，十三日。

十二月小癸酉〔二〕。

〔一〕前年十二月己卯朔，此年二月當是戊寅朔，以下四月丁丑朔，六月丙子朔，八月乙亥朔，十月甲戌朔，方合曆理。

〔二〕「小」，原譌作「大」，據文淵閣本改。

僖公十七年　戊寅

正月大壬寅。

二月小壬申。

三月大辛丑。

四月小辛未。

五月大庚子。

六月小庚午。

七月大己亥。

八月小己巳。

九月大戊戌。

十月小戊辰。傳乙亥，初八日。

十一月大丁酉。

十二月小丁卯。經乙亥，初九日。傳辛巳，十五日。

閏月大丙申。大衍曆是年無閏。

僖公十八年　己卯

正月小丙寅。

二月大乙未。

三月大乙丑。

四月小乙未。

五月大甲子。經戊寅，十五日。大衍曆五月大乙未朔，經戊寅，在六月。

六月小甲午。

七月大癸亥。

八月小癸巳。經丁亥，杜氏云：「八月無丁亥。」丁亥在七月二十四日〔一〕，或九月二十五日。

九月大壬戌。

十月小壬辰。

十一月大辛酉。

十二月小辛卯。

〔一〕「二十四」，宜作「二十五」，據七月癸巳朔可知。下九月二十五日，亦當作二十六日。

大衍曆是年閏七月甲子朔，經丁亥，二十四日。

僖公十九年　庚辰

正月大庚申。

二月小庚寅。

三月大己未。

四月小己丑。

五月大戊午。

六月大戊子。經己酉，二十日。

七月小戊午。

八月大丁亥。

九月小丁巳。

十月大丙戌。

十一月小丙辰。

十二月大乙酉。

僖公二十年 辛巳

正月小乙卯。

二月大甲申。

三月小甲寅。

四月大癸未。

五月小癸丑。經乙巳，乙當作己，十七日。大衍曆五月大癸丑朔，經乙巳，在六月。

六月大壬午。

七月小壬子。

八月大辛巳。

九月小辛亥。

十月大庚辰。

十一月大庚戌。

十二月小庚辰〔一〕。

〔一〕「小」，原誤作「大」，據文淵閣本改。

閏月大己酉〔一〕。杜曆閏二月，今置年末，以均後閏也。

僖公二十一年 壬午

正月小己卯。

二月大戊申。

三月小戊寅。

四月大丁未。

五月小丁丑。

六月大丙午。

七月小丙子。

八月大乙巳。

九月小乙亥。

十月大甲辰。

〔一〕「大」，原誤作「小」，據文淵閣本改。

十一月小甲戌。

十二月大癸卯。經癸丑，十一日。

大衍曆于是年閏四月，推古曆亦同。杜曆不閏。

僖公二十二年　癸未

正月大癸酉。

二月小癸卯。

三月大壬申。

四月小壬寅。

五月大辛未。

六月小辛丑。

七月大庚午。

八月小庚子。經丁未，初八日。

九月大己巳。下二月大移于此。

十月大己亥。

十一月小己巳。經己巳朔，傳丙子，初八日。丁丑，初九日。

十二月大戊戌。

春秋長曆五

曆編

僖公二十三年 甲申

正月小戊辰。

二月大丁酉。

三月小丁卯。

四月大丙申。

五月小丙寅。經庚寅，二十五日。

六月大乙未。

七月小乙丑。

八月大甲午。

九月小甲子。

十月大癸巳。

十一月小癸亥。

十二月大壬辰。

晉語注云："僖二十三年，魯失閏，以閏月爲明年正月。"

按是年爲一章之終，推曆，當閏十二月，而魯曆不閏。前隱十年亦爲一章之終，而魯曆亦不閏，則知春秋之曆其不按章法也久矣。漢書以僖五年爲朔旦冬至之年，恐亦未可爲據也。

僖公二十四年　乙酉

正月小壬戌。

二月大辛卯。傳甲午，初四日。辛丑，十一日。壬寅，十二日。丙午，十六日。丁未，十七日。戊申，十八日。

三月小辛酉。傳己丑晦，二十九日。

四月大庚寅。

閏月小庚申。

五月大己丑。
六月小己未。
七月大戊子。
八月小戊午。
九月大丁亥。
十月大丁巳。
十一月小丁亥。
十二月大丙辰。

晉語注云：「僖二十四年三月己丑朔，時以爲二月晦。」又云：「是年失閏，以三月爲四月。」

按晉語注所云，蓋遵古曆。然己丑乃五月朔，亦非三月也，豈月之大小有所移耶？

又按大衍曆，是年閏正月，杜于四月置閏，以補上年之閏。其閏于四月者，因合于二月、三月之日干支也。然下年又閏，則比年皆閏矣，似與曆法不合。若移置上年，則又與日不合。今姑從之。

僖公二十五年　丙戌

正月小丙戌。〔經丙午，二十一日。〕

二月大乙卯。

三月小乙酉。〔傳甲辰，二十日。〕

四月大甲寅。〔經癸酉，二十日。〕〔傳丁巳，初四日。戊午，初五日。〕

五月小甲申。

六月大癸丑。

七月小癸未。

八月大壬子。

九月小壬午。

十月大辛亥。

十一月小辛巳。

十二月大庚戌。〔經癸亥，十四日。〕

閏月大庚辰。

按自此年一閏，至宣二年，凡二十九年。杜曆置閏者十，皆疎密不等。僖三十年閏九月，去此年閏五十七月。文元年閏三月，去前閏四十二月。文二年閏正月，去前閏僅十月。文四年閏三月，去前閏二十六月。文六年閏十二月，去前閏三十二月。文八年閏七月，去前閏十九月。文十二年閏十一月，去前閏五十二月。文十六年閏五月，去前閏四十二月。宣二年閏五月，去前閏四十八月。若悉移置之，以合于章法，則與經傳日月皆不合。故今悉仍其舊，以俟知曆者酌焉。

又按自僖二十五至宣二，凡二十九年中，大衍曆置閏者十一，而杜曆止十閏，則缺一閏可知也。推古曆，亦應十一閏。

僖公二十六年　丁亥

正月小庚戌。經己未，初十日。大衍曆正月小辛巳朔，經己未，在二月。

二月大己卯。

三月小己酉。

四月大戊寅。

五月小戊申。

六月大丁丑。
七月小丁未。
八月大丙子。
九月小丙午。
十月大乙亥。
十一月小乙巳。
十二月大甲戌。
大衍曆正月壬寅日二十二日冬至，是年閏九月。古曆同。

僖公二十七年 戊子
正月小甲辰。
二月大癸酉。
三月小癸卯。
四月大壬申。
五月大壬寅。

六月小壬申。經庚寅，十九日。

七月大辛丑。

八月小辛未。經乙未，二十五日。乙巳，杜氏云：「八月無乙巳，乙巳，九月六日。」

九月大庚子。

十月小庚午。

十一月大己亥。

十二月小己巳。經甲戌，初六日。

大衍曆八月大辛未朔，經乙巳，在九月五日。

僖公二十八年 己丑

正月大戊戌。傳戊申，十一日。

二月小戊辰。

三月大丁酉。經丙午，初十日。

四月小丁卯。經己巳，初三日。傳戊辰，初二日。癸酉，初七日。甲午，二十八日。

五月大丙申。經癸丑，十八日。傳丙午，十一日。丁未，十二日。己酉，十四日。癸亥，二十八日。

六月小丙寅。傳壬午，十七日。

七月大乙未。傳丙申，初二日。

八月大乙丑。

九月小乙未。

十月大甲子。經壬申，初九日。傳丁丑，十四日。壬申、丁丑俱繫冬後，有日而無月，或皆在十二月。

十一月小甲午。

十二月大癸亥。

是年宜補一閏。

僖公二十九年　庚寅

正月小癸巳。

二月大壬戌。

三月小壬辰。

四月大辛酉。

五月小辛卯。

六月大庚申。
七月小庚寅。
八月大己未。
九月小己丑。
十月大戊午。
十一月小戊子。
十二月大丁巳。
大衍曆是年有閏六月，古曆亦同。杜曆無閏。

僖公三十年 辛卯

正月大丁亥。
二月小丁巳。
三月大丙戌。
四月小丙辰。
五月大乙酉。

六月小乙卯。

七月大甲申。

八月小甲寅。

九月大癸未。傳甲午，十二日。

閏月小癸丑。

十月大壬午。

十一月小壬子。

十二月大辛巳。

僖公三十一年 壬辰

正月小辛亥。

二月大庚辰。

三月小庚戌。

四月大己卯。

五月大己酉。

六月小己卯。

七月大戊申。

八月小戊寅。

九月大丁未。

十月小丁丑。

十一月大丙午。

十二月小丙子。

上年閏，宜置此年之末。

僖公三十二年 癸巳

正月大乙巳。

二月小乙亥。

三月大甲辰。

四月小甲戌。經己丑，十六日。大衍曆甲辰朔，經己丑，在三月。

五月大癸卯。

六月小癸酉。
七月大壬寅。
八月大壬申。
九月小壬寅。
十月大辛未。
十一月小辛丑。
十二月大庚午。經己卯，初十日。傳庚辰，十一日。
大衍曆是年有閏二月，古曆亦同。杜曆不閏。
大衍曆是年閏二月小乙巳朔，故三月甲辰朔。十二月大庚子朔，經己卯，在十一月。

僖公三十三年　甲午

正月小庚子。
二月大己巳。
三月小己亥。
四月大戊辰。經辛巳，十四日。癸巳，二十六日。大衍曆四月戊戌朔，經辛巳、癸巳，皆在三月。

五月小戊戌。

六月大丁卯。

七月小丁酉。

八月大丙寅。傳戊子，二十三日。

九月小丙申。

十月大乙丑。

十一月小乙未。

十二月大甲子。經乙巳，杜氏云：「乙巳，十一月十二日，經書十二月，誤。」

劉氏炫云：「按如杜曆，四月丁卯朔，八月乙丑朔，則辛巳四月十五日，癸巳二十七日，而乙巳爲十一月十二日。」大衍曆則辛巳、癸巳皆在三月，而乙巳爲十二月十一日。杜曆自隱元年至文元年，三十四閏，大衍三十六閏。蓋春秋、周曆本差，而後世追算又互有得失。杜氏惟據長曆釋經，遂以此年十二月所書四事皆爲十一月，亦固矣。

文公元年　乙未

正月小甲午。

二月大癸亥。經癸亥日食。

三月小癸巳。

閏月大壬戌。傳閏三月。

四月小壬辰。經丁巳，二十六日。

五月大辛酉。傳辛酉朔。

六月大辛卯。傳戊戌，初八日。上年兩月大，移此方合〔一〕。

七月小辛酉。

八月大庚寅。

九月小庚申。

十月大己丑。

十一月小己未。

十二月大戊子。

經書「二月癸亥，日有食之」，杜氏云：「不書朔，官失之也。」姜氏云：「二月甲午朔，

〔一〕「上年兩月大，移此方合」九字，文淵閣本無之。

無癸亥，三月癸亥朔，入食限。」大衍曆亦以爲然。郭氏亦云：「三月癸亥朔，加時在晝，去交分二十六日五千九百十七分，入食限。」諸家各以其曆推春秋，故癸亥在三月。又傳曰：「于是閏三月，非禮也。」杜注云：「閏當在僖公末年，誤于今年置閏。」孔氏云：「僖五年正月辛亥朔，日南至，治曆者皆以此爲章首之年。漢書律曆志云『文公元年距僖公五年辛亥二十九歲，是時閏餘十三，閏當在十一月後，而在三月，故傳曰非禮』。志之所言，是嫌閏月大近前也。杜以僖三十年閏九月、文二年閏正月，故言曆法當在僖公末年，誤于今年置閏，是嫌置閏月大近後也。」又云：「杜以春秋之世，曆法錯失，所置閏月或先或後，惟推勘經傳上下日月，以爲長曆。若日月同者，則數年不置閏；若日月不同，須置閏乃同者，則未滿三十二月頻置閏，所以異于常曆。故釋例云：『春秋日有頻月而食者，有曠年不食者，理不得一，一如算以守恒數，故曆無有不失。今據經傳微旨，考日辰晦朔，以相發明，爲春秋長曆，雖未必得天，蓋春秋當時之曆也。』」

按推勘日月，則僖末年不得有閏，而杜以爲當閏者，豈以文元爲章首，而上年之末當有閏耶？然文二年二月之閏，又何以太數也？

大衍曆是年閏十二月，古曆閏十月。今從傳，閏三月。

文公二年　丙申

正月小戊午。

閏月大丁亥。

二月大丁巳。經甲子，初八日。丁丑，二十一日。

三月小丁亥。經乙巳，十九日。

四月大丙辰。傳己巳，杜氏云：「經書三月乙巳，傳書夏四月己巳，經傳必有一誤。」

五月小丙戌。

六月大乙卯。

七月小乙酉。

八月大甲寅。經丁卯，十四日。

九月小甲申。

十月大癸丑。

十一月小癸未。

十二月大壬子。

按文元年閏三月矣，于二年復閏正月，相去僅十月，似太促。又文四年三月閏，相去二十六月。至文六年十二月閏見經，相去三十三月。文八年七月閏，相去十九月。文十二年十一月閏，相去五十二月。文十六年五月閏，相去四十二月。宣二年五月閏，相去四十八月。此二十年間，凡八閏，或太疏或太促，欲移置之，則與經傳日月多不合。今姑從之。

大衍曆亦八閏。

大衍曆推是年正月大戊子朔，己丑日冬至。二月小戊午朔，經甲子、丁丑，在此月。

文公三年　丁酉

正月小壬午。

二月大辛亥。

三月小辛巳。

四月大庚戌。傳乙亥，二十六日。

五月小庚辰。

六月大己酉。

七月大己卯。

八月小己酉。

九月大戊寅。

十月小戊申。

十一月大丁丑。

十二月小丁未。經己巳，二十三日。

文公四年　戊戌

正月大丙子。

二月小丙午。

三月大乙亥。

閏月小乙巳。大衍曆閏八月，古曆閏七月。

四月大甲戌。

五月小甲辰。

六月大癸酉。

七月小癸卯。

八月大壬申。

九月小壬寅。

十月大辛未。

十一月大辛丑。〖經壬寅，初二日。

十二月小辛未。

文公五年 己亥

正月大庚子。

二月小庚午。

三月大己亥。〖經辛亥，十三日。

四月小己巳。

五月大戊戌。

六月小戊辰。

七月大丁酉。

八月小丁卯。
九月大丙申。
十月小丙寅。經甲申，十九日。
十一月大乙未。
十二月小乙丑。

文公六年　庚子

正月大甲午。
二月大甲子。
三月小甲午。
四月大癸亥。
五月小癸巳。
六月大壬戌。
七月小壬辰。
八月大辛酉。經乙亥，十五日。

九月小辛卯。

十月大庚申。

十一月小庚寅。傳丙寅，杜氏云："十一月無丙寅，十二月八日也。"

十二月大己未。

閏月小己丑。經閏月。

經書"閏月不告月"，在"冬十月"後，下文無月，故知閏十二月也。程氏〔一〕云："按曆法，是年未應閏，經書閏月，則周閏有所移也。"

文公七年 辛丑

正月大戊午。

二月小戊子。

三月大丁巳。經甲戌，十八日。大衍曆三月大戊子朔，經甲戌，在二月。

四月小丁亥。經戊子，初二日。傳己丑，初三日。

〔一〕"程氏"，原誤作"杜氏"，據文淵閣本改。

五月大丙辰。

六月大丙戌。

七月小丙辰。

八月大乙酉。

九月小乙卯。

十月大甲申。

十一月小甲寅。

十二月大癸未。

大衍曆于是年閏四月，古曆亦同。

文公八年　壬寅

正月小癸丑。

二月大壬午。

三月小壬子。

四月大辛巳。

五月小辛亥。
六月大庚辰。
七月小庚戌。
八月大己卯。經戊申，三十日。
九月大己酉。
十月小己卯。經壬午，初四日。乙酉，初七日。丙戌，初八日。
十一月大戊申。
十二月小戊寅。
杜氏曆是年閏七月，以推下八月之戊申、十月之壬午、乙酉、丙戌及明年正月之己酉、乙丑、二月之辛丑、三月之甲戌、九月之癸酉，皆不合。若移置明年七月閏，則上下皆合矣。疑當日傳寫之譌，今改之。

文公九年　癸卯

正月大丁未。傳己酉，初三日。乙丑，十九日。
二月小丁丑。經辛丑，二十五日。

三月大丙午。傳甲戌，二十九日。

四月小丙子。

五月大乙巳。

六月小乙亥。

七月大甲辰。

閏月小移甲戌。

八月大癸卯。

九月小癸酉。經癸酉，初一日。

十月大壬寅。

十一月小壬申。

十二月大辛丑。

杜氏曆閏在上年七月，今移置此年七月，則上下日辰干支皆合，說見上年。

推算古曆，是年閏十二月。大衍曆閏明年正月，相去一月，知是年當閏也。

大衍曆九月小甲辰朔，經癸酉，在十月朔。

文公十年 甲辰

正月大辛未。

二月小辛丑。

三月大庚午。經辛卯，二十二日。

四月小庚子。

五月大己巳。

六月小己亥。

七月大戊辰。

八月小戊戌。

九月大丁卯。

十月小丁酉。

十一月大丙寅。

十二月小丙申。

文公十一年 乙巳

正月大乙丑。

二月小乙未。
三月大甲子。傳甲子朔，見襄公三十年絳縣老人言。
四月小甲午。
五月大癸亥。
六月大癸巳。
七月小癸亥。
八月大壬辰。
九月小壬戌。
十月大辛卯。經甲午，初四日。
十一月小辛酉。
十二月大庚寅。

文公十二年　丙午

正月小庚申。
二月大己丑。經庚子，十二日。

三月小己未。

四月大戊子。

五月小戊午。

六月大丁亥。

七月小丁巳。

八月大丙戌。

九月大丙辰。

十月小丙戌。

十一月大乙卯。

閏月小乙酉。

十二月大甲寅。經戊午，初五日。

大衍曆于是年閏十月，古曆閏九月。

按自此年至成十四年，共三十九年，大衍曆置閏十五，推古曆亦同。而杜曆止閏十三，實少兩閏，其間干支譌誤實多，經傳各異，疑所據曆各有不同，莫得其次序也。

文公十三年　丁未

正月小甲申。

二月大癸丑。

三月小癸未。

四月大壬子。

五月小壬午。經壬午，初一日。

六月大辛亥。

七月小辛巳。

八月大庚戌。

九月小庚辰。

十月大己酉。

十一月小己卯。大衍曆十一月庚辰朔，經己丑，在此月。

十二月大戊申。經己丑，杜氏云：「十二月無己丑，己丑，十一月十一日。」

文公十四年　戊申

正月大戊寅。

二月小戊申。

三月大丁丑。

四月小丁未。經乙亥，「五月乙亥，齊侯潘卒」，杜氏云：「乙亥，在四月二十九日，書五月，從赴。」

五月大丙子。

六月小丙午。

七月大乙亥。傳乙卯，杜氏云：「七月無乙卯，日誤。」

八月小乙巳。

九月大甲戌。經甲申。十一日。

十月小甲辰。

十一月大癸酉。

十二月小癸卯。

文公十五年 己酉

正月大壬申。

二月小壬寅。

三月大辛未。

四月小辛丑。

五月大庚午。

六月大庚子。經辛丑朔，日食。戊申，初九日，杜云八日。

七月小庚午。

八月大己亥。

九月小己巳。

十月大戊戌。

十一月小戊辰。

十二月大丁酉。

經文書「六月辛丑朔，日有食之」，大衍曆同。郭氏亦云：「六月辛丑朔，加時在晝，交分二十六日四千四百七十三分，入食限。」

按辛丑朔在四月，六月庚子朔，或云食在二日，然與經「朔」字不合。杜曆並未言誤，不知何故。

大衍曆推是年閏六月，古曆亦同。杜曆閏在下年五月。

文公十六年 庚戌

正月小丁卯。

二月大丙申。

三月小丙寅。

四月大乙未。

五月小乙丑。

閏月大甲午。

六月小甲子。經戊辰，初五日。

七月大癸巳。

八月小癸亥。經辛未，初九日。

九月大壬辰。

十月大壬戌。

十一月小壬辰。傳甲寅，二十三日。

十二月大辛酉。

文公十七年　辛亥

正月小辛卯。

二月大庚申。

三月小庚寅。

四月大己未。經癸亥，初五日。

五月小己丑。

六月大戊午。經癸未，二十六日。

七月小戊子。

八月大丁巳。

九月小丁亥。

十月大丙辰。

十一月小丙戌。

十二月大乙卯。

文公十八年　壬子

正月小乙酉。

二月大甲寅。經丁丑，二十四日。

三月大甲申。

四月小甲寅。

五月大癸未。經戊戌，十六日。大衍曆五月癸丑朔，經戊戌，在四月。

六月小癸丑。經癸酉，二十一日。大衍曆六月癸未朔，經癸酉在五月。

七月大壬午。

八月小壬子。

九月大辛巳。

十月小辛亥。

十一月大庚辰。

十二月小庚戌。

大衍曆推是年閏二月，古曆亦同。杜曆不閏。

宣公元年　癸丑

正月大己卯。

二月小己酉。

三月大戊寅。

四月大戊申。

五月小戊寅。

六月大丁未。

七月小丁丑。

八月大丙午。

九月小丙子。

十月大乙巳。

十一月小乙亥。

十二月大甲辰。

宣公二年　甲寅

正月小甲戌。

二月大癸卯。經壬子，初十日。

三月小癸酉。

四月大壬寅。

五月小壬申。

閏月大辛丑。

六月小辛未。

七月大庚子。

八月大庚午。

九月小庚子。經乙丑，二十六日。

十月大己巳。經乙亥，初七日。傳壬申，初四日[一]。

十一月小己亥。

十二月大戊辰。

大衍曆推是年正月小甲辰朔，癸亥日冬至。經二月壬子，在正月；又閏十一月小己

[一]「經乙亥」以下十二字，原脱，據文淵閣本補。

巳朔。古曆閏十一月。今杜曆閏五月。

宣公三年　乙卯

正月小戊戌。
二月大丁卯。
三月小丁酉。
四月大丙寅。
五月小丙申。
六月大乙丑。
七月小乙未。
八月大甲子。
九月小甲午。大衍曆九月小甲子朔，經丙戌，在此月。
十月大癸亥。經丙戌，二十四日。
十一月大癸巳。
十二月小癸亥。

宣公四年　丙辰

正月大壬辰。

二月小壬戌。

三月大辛卯。

四月小辛酉。

五月大庚寅。大衍曆五月大庚申朔，經乙酉，在此月。

六月小庚申。經乙酉，二十六日。

七月大己丑。傳戊戌，初十日。

八月小己未。

九月大戊子。

十月小戊午。

十一月大丁亥。

十二月小丁巳。

宣公五年　丁巳

正月大丙戌。

二月小丙辰。
三月大乙酉。
四月大乙卯。
五月小乙酉。
六月大甲寅。
七月小甲申。
八月大癸丑。
九月小癸未。
十月大壬子。
十一月小壬午。
十二月大辛亥。
閏月小辛巳。

杜曆閏在明年六月，去宣二年五月之閏，似太疎，故置此年之末，以均前後之閏，其間亦無日月乖礙也。又按杜曆宣二年置一閏，直至宣六年始再置一閏，宣十年又置一閏，相距甚疎。若移宣六年之閏于四年、五年之間，而于宣七年補一閏于年末，庶前後相均也。然與宣八年之日月不合。今從杜曆（一）。

大衍曆推是年閏八月，古曆閏七月，知是年當閏也（二）。

宣公六年 戊午

正月大庚戌。

二月小庚辰。

三月大己酉。

四月小己卯。

五月大戊申。

六月小戊寅。

七月大丁未。

八月大丁丑。

（一）此段陳氏論曆全脱，據文淵閣本補。

（二）「古曆閏七月，知是年當閏也」，原作「杜曆閏在下年五月」，據文淵閣本改。

九月小丁未。
十月大丙子。
十一月小丙午。
十二月大乙亥。

宣公七年　己未

正月小乙巳。
二月大甲戌。
三月小甲辰。
四月大癸酉。
五月小癸卯。
六月大壬申。
七月小壬寅。
八月大辛未。
九月小辛丑。

十月大庚午。

十一月大庚子。

十二月小庚午。

宣公八年 庚申

正月大己亥。

二月小己巳。

三月大戊戌。

四月小戊辰。

五月大丁酉。

六月小丁卯。經辛巳，十五日。壬午，十六日。戊子，二十二日。

七月大丙申。甲子日食，在十月。

八月小丙寅。

九月大乙未。

十月小乙丑。經己丑，二十五日。庚寅，二十六日。

十一月大甲午。

十二月小甲子。

經文書「秋七月甲子，日有食之，既」，不書朔，杜氏云：「甲子，七月三十日。」杜以七月爲乙未朔。姜氏云：「十月甲子朔，日食。」大衍同。郭氏亦云：「是年十月甲子朔，加時在晝，食九分八十一秒〔一〕。蓋十誤爲七。」

按經甲子日食在七月，而推曆者皆以爲十月，以七月甲子不入食限也。然十月乃乙丑朔，非甲子朔。郭氏云「十誤爲七」，非也。十可誤爲七，冬亦可誤爲秋乎？愚意是秋九月甲子食，而甲子即九月晦日，十月朔得乙丑，與此曆合。蓋推曆者用定朔，故以甲子爲十月朔耳。

程氏云：「杜氏長曆自僖十二年至文元年，五年一閏者二，四年一閏者三，失二閏焉。又自文十六年至宣十年，四年一閏者三，又失一閏焉。」

按周曆果失閏，則日食宜逾大衍日食之後，而今反在大衍日食之前，則知周曆未嘗失閏，而杜曆自失之耳。

〔一〕「八十一」，原作「二十一」，據元史、文淵閣本改。

大衍曆是年閏五月小丁酉朔，十月甲子朔。古曆閏四月。杜曆不閏。

宣公九年　辛酉

正月大癸巳。

二月小癸亥。

三月大壬辰。

四月大壬戌。

五月小壬辰。

六月大辛酉。

七月小辛卯。

八月大庚申。大衍曆八月小庚申朔，經辛酉，在此月。

九月小庚寅。經辛酉，杜氏云：「九月無辛酉，日誤，辛酉在八月。」

十月大己未。經癸酉，十五日。

十一月小己丑。

十二月大戊午。

宣公十年　壬戌

正月小戊子。
二月大丁巳。
三月小丁亥。
四月大丙辰。經丙辰日食，不書朔。己巳，十四日。
五月小丙戌。經癸巳，初八日。
閏月大乙卯。
六月大乙酉。
七月小乙卯。
八月大甲申。
九月小甲寅。
十月大癸未。
十一月小癸丑。
十二月大壬午。

經「夏四月丙辰，日有食之」，杜氏云：「不書朔，官失之也。」大衍曆丙辰朔日食。郭氏亦云：「以今曆推之，是月丙辰朔，加時在晝，交分十四日九百六十八分，入食限。」推古曆，閏十二月。大衍曆閏明年正月。

宣公十一年　癸亥

正月小壬子。
二月大辛巳。
三月小辛亥。
四月大庚辰。
五月小庚戌。
六月大己卯。
七月小己酉。
八月大戊寅。
九月小戊申。
十月大丁丑。經丁亥，十一日。

十一月大丁未。

十二月小丁丑。

大衍曆是年閏正月。

宣公十二年 甲子

正月大丙午。

二月小丙子。

三月大乙巳。

四月小乙亥。

五月大甲辰。

閏月小甲戌。

六月大癸卯。經乙卯，十三日。傳丙辰，十四日。辛未，二十九日。

七月小癸酉。大衍曆七月癸卯朔，經乙卯，在此月。

八月大壬寅。

九月小壬申。

十月大辛丑。

十一月小辛未。

十二月大庚子。〈經戊寅，杜氏云：「十二月無戊寅，戊寅，十一月九日。」蓋以十一月爲庚午朔也。〉

宣公十三年　乙丑

正月小庚午。

二月大己亥。

三月大己巳。

四月小己亥。

五月大戊辰。

六月小戊戌。

七月大丁卯。

八月小丁酉。

九月大丙寅。

十月小丙申。

十一月大乙丑。

十二月小乙未。

大衍曆是年閏九月，古曆亦同。杜曆不閏。

宣公十四年　丙寅

正月大甲子。

二月小甲午。

三月大癸亥。

四月小癸巳。

五月大壬戌。經壬申，十一日。

六月大壬辰。

七月小壬戌。

八月大辛卯。

九月小辛酉。

十月大庚寅。

十一月小庚申。

十二月大己丑。

宣公十五年　丁卯

正月小己未。

二月大戊子。

三月小戊午。

四月大丁亥。

五月小丁巳。

六月大丙戌。經癸卯，十八日。傳辛亥，二十六日。

七月小丙辰。傳壬午，二十七日。杜氏云「二十九日」，則以七月爲甲寅朔也，似誤。

八月大乙酉。

九月小乙卯。

十月大甲申。

十一月大甲寅。

閏月小甲申。

十二月大癸丑。

宣公十六年 戊辰

正月小癸未。

二月大壬子。

三月小壬午。〖傳戊申，二十七日。〗

四月大辛亥。

五月小辛巳。

六月大庚戌。

七月小庚辰。

八月大己酉。

九月小己卯。

十月大戊申。

十一月小戊寅。

十二月大丁未。

大衍曆是年閏六月，古曆亦同。杜曆閏在上年。

宣公十七年　己巳

正月大丁丑。經庚子，二十四日。丁未，杜氏云：「丁未，二月四日。」則以二月爲甲辰朔，誤。

二月小丁未。

三月大丙子。

四月小丙午。

五月大乙亥。

六月小乙巳。經癸卯日食，不書朔。己未，十五日。

七月大甲戌。

八月小甲辰。

九月大癸酉。

十月小癸卯。

十一月大壬申。經壬午，十一日。

十二月小壬寅。

經「六月癸卯，日有食之」，杜氏云：「不書朔，官失之。」姜氏云：「六月甲辰朔，不應食。」大衍曆云：「五月在交限，六月甲辰朔，交分已過食限，蓋誤。」郭氏云：「今曆推之，是年五月乙亥入食限，六月甲辰朔，泛交二日，已過食限。大衍爲是。」

按姜、郭所云日食不在癸卯，而在甲辰，癸卯亦非六月朔，而經又不書朔，則此日食闕疑可也。杜以爲癸卯朔，「朔」字官失之，似未深考。

又按春秋日食，雖月之前後有小差，而日未嘗誤，惟此年日食，經以爲癸卯，而後之推曆者皆以爲乙亥，相隔二十八日，疑是他年日食誤書于此。

大衍曆是年正月小丁丑朔，經丁未，在二月二日。五月乙亥朔日食，六月大甲辰朔。

宣公十八年　庚午

正月大辛未。

二月小辛丑。

三月大庚午。

四月小庚子。

五月大己巳。
六月大己亥。
七月小己巳。經甲戌，初六日。
八月大戊戌。
九月小戊辰。
十月大丁酉。經壬戌，二十六日。
十一月小丁卯。
十二月大丙申。